DIOS NO CREE EN DIOS

PSICOANÁLISIS DE LO RELIGIOSO

CARLOS ALBURQUERQUE

Número de Control de la Biblioteca del Congreso de EE. UU.: 2020924565
ISBN: Tapa Blanda   978-1-5065-3554-8
                    Libro Electrónico   978-1-5065-3555-5

Información de la imprenta disponible en la última página.

Fecha de revisión: 15/12/2020

Para realizar pedidos de este libro, contacte con:
Palibrio
1663 Liberty Drive
Suite 200
Bloomington, IN 47403
Gratis desde EE. UU. al 877.407.5847
Gratis desde México al 01.800.288.2243
Gratis desde España al 900.866.949
Desde otro país al +1.812.671.9757
Fax: 01.812.355.1576
ventas@palibrio.com
823905

ÍNDICE

Dios Es Inconsciente 1

El Psicótico Sin Fe... 17

El Perverso Un Creyente 32

El Paraiso Perdido Del Neurótico.........................41

La Ciencia Hipermágica 52

La Religión De Las Psicoterapias 69

El Antídoto Zen De Lacan 79

Bibliografía..97

DIOS ES INCONSCIENTE

lugar y palabra
forman unidad
si retiramos el lugar
no habría palabra
el lugar es la palabra

Angelus Silesius

Freud había concebido el origen de la divinidad, no en el arquetipo de la perfección de la conciencia humana a la manera junguiana, sino en las fantasías infantiles de omnipotencia de las figuras paternas, cuyo origen se encuentra en la relación estrictamente de dependencia del niño, debido a su precariedad ante sus cuidadores que tanto requiere para sobrevivir. Es totalmente lógico que el niño construya un ideal super poderoso en aquellos que tienen todo el poder sobre él.

Este ideal es socio-simbólico, es decir, representa los significantes amos de la cultura, por vía de la represión de la verdad que se oculta: la precariedad del cuidador, ya que en los hechos éste mismo necesitó de cuidado. Razón por la que se requerirá de la fantasía estructural de un cuidador exento de cuidado, así es como nació el Otro, lugar de la demanda eterna de amparo, la cual quedará fijada como vale en la vida de un sujeto, al que éste se quedó sujetado, como hijo del Otro con mayúscula lugar de la Ley paterna.

Es ahí donde se juega el inconsciente. Lacan circunscribió el inconsciente freudiano, en la instauración de este Otro, este Otro no es un ente sobrenatural, sino el lugar donde se aloja la creencia del poder y el amparo en la palabra del gran Cuidador.

En el evangelio de Juan se dice que: «En el principio era el Verbo, y el Verbo era con Dios, y el Verbo era Dios» Esta frase nos ofrece la explicación de la naturaleza de Dios y su poder divino emanado no de su supuesta esencia sobre natural, sino más bien de su naturaleza simbólica a partir del Nombre del Padre.

Es ahí, en su capacidad de ser nombrado, en la estructura misma del verbo, como lugar de la palabra, en donde se manifiesta el don divino. En la Biblia podemos constatar el fenómeno siempre presente del lugar de la palabra y su poderío creador, a través de su acción performativa.

Desde el animismo hasta el politeísmo, se invocan a las fuerzas telúricas, como forma de demostración de lo imaginario sobre lo simbólico, generador del pensamiento mágico e idolátrico. Por otra parte en el monoteísmo, no se requerirá más de la invocación, la cual quedará relegada a lo herético, a lo diabólico, ya que a Dios, más bien se le evoca, éste siempre está ahí, presente en el discurso, por eso, se ora, se comunica con él, en tanto es oración, enunciación, discurso, y a diferencia de la religiones paganas, no hay poder en el orador sino éste se encuentra fuera de él, en la palabra divina, en la fe en el Padre.

Un ejemplo del lugar del lenguaje paterno y su facultad divina, la encontramos muy tempranamente en el Génesis: Yahvé, le otorga a Adán, el primer hombre, la capacidad de nombrar lo que Él ha creado como manera de ordenar el mundo. Dios le otorga al hombre este don divino que lejos de ser una simple acción taxonómica, es el acto que funda la realidad humana en tanto simbólica. También Dios, al cambiar el nombre de sus seguidores, cambia su lugar y poder simbólico, por ejemplo, de Abram a Abraham (padre del pueblo) de Sarai a Sara (princesa) de Jacob a Israel (el que lucha con Dios). Esta nueva nominación transforma al hombre, modifica su personalidad, creándose una nueva identidad, a partir de un nuevo significante, ocupando un lugar simbólico distinto, una realidad distinta, un destino diferente, apartándose totalmente de su estado anterior.

Hay infinidad de pasajes en la Biblia que dan cuenta de la importancia del nombrar como ejercicio supremo del poder divino, desde el nombre paradójicamente innombrable de Dios —efecto de lo real en Dios, el cual analizaremos más adelante- hasta su nominación tautológica: Yahvé, "soy el que soy" y las referencias curativas del ensalmo cristiano. El poder de la palabra, aunque le haya pesado al neopositivista Mario Bunge, es innegable.

Nietzsche temía que no nos pudiéramos librar de Dios en tanto siguiéramos creyendo en la gramática, posición que retoma Lacan para afirmar que: "Dios es el decir, el diosa decidora (*dieure*), mientras haya decir, Dios estará" (Lacan citado por François Balmès, 2007: 24).

Y sin embargo, se olvida que la lengua está impregnada de religiosidad, que el habla cotidiana oculta siempre una demanda de Dios, simplemente cuando alguien nos pregunta la hora o una dirección, no escaparemos a sentirnos obligados por la solicitud, es por eso que tanta gente da la hora inexacta y la dirección equivocada, tanto en sentido literal como metafóricamente en la consultación, porque aunque no sepan lo que se les pregunta, las personas se sienten obligadas a responder a la demanda, porque Dios está oculto en ella, como mandato a responder, no al transeúnte, si no al Otro con mayúscula, introyectado por el efecto del lenguaje sobre el sujeto. Esto quiere decir que todo mensaje enunciativo tiene una connotación de mandato. Por esta razón no podemos librarnos de Dios, debido a que cohabita en el lenguaje al igual que el *subjectum* sermocinal es producto de está inmixtión con el Otro. Es así como, Jacques Lacan afirmó que: "el psicoanálisis es esencialmente lo que reintroduce a la consideración científica el Nombre del Padre". Su objetivo es develar la verdad de la falta que inaugura el orden simbólico subyacente a todas nuestras relaciones sociales, culturales, doctrinales, políticas e incluso cientificistas, las cuales son camuflajeadas como hechos laicos por la represión.

En "Tótem y tabú" Freud estableció el origen del lazo social en el asesinato mítico del padre de la horda primordial y la prohibición del goce como completo.

Este mito freudiano es extraordinariamente útil para explicar la función del lenguaje, en tanto asesinato de las cosas, para así poder ser representadas simbólicamente. Esto explicaría inconscientemente los mitos religiosos de asesinato como un producto de la función simbólica.

Es por lo anterior que la realidad psíquica se forma por acción de importación al mito individual, tanto su salud como su enfermedad mental, radican, ya sea en su eficacia o deficiencia simbólica.

El asesinato del Padre-Dios convertido en metáfora inauguró la Ley, el ideal paterno. Dios ha muerto y fue el símbolo quien lo asesinó para perpetuarlo, sin saber que, con ello, también se gestó la culpa y la deuda del sujeto, por no poder afrontar la verdad: que Dios siempre ha estado muerto. Magnicidio, que lo ha eternizado, y al igual que el ejemplo que Freud nos ha señalado: el del fantasma del padre de Hamlet, que lo atormenta, en tanto muerto, más imperecedero y persecutor se muestra.

La culpa nos persigue, pero es uno mismo el perseguidor a causa de la muerte de Dios.

¿Dios puede salvarse a sí mismo? Si Dios es el Otro cuya supuesta perfección determina la realidad del mundo como afirman los filósofos, una realidad positiva determinada por la necesidad de libertad, la cual expresa justamente lo que es y no otra cosa. Dios es lo verdadero de las ideas, mientras que el error es el alejamiento de Dios, produciendo con ello la mutilación y la confusión. Si Dios es el Otro perfecto,

¿qué es aquello que ocasiona el error, lo que desgarra el lenguaje, al Otro? La respuesta a esta incógnita es la aparición del inconsciente como efecto performativo de la falta en Dios. No podemos pretender que estos fenómenos del lenguaje en tanto errores de el mismo no sean producto de este gran Otro. Dado que sabemos por Gödel de la imposibilidad de un metalenguaje, nada está por encima del lenguaje, de ahí proviene el orden simbólico cuya eficacia emana de su incompletitud, es decir, Dios está castrado, castrado por lo que Lacan denominó: lo real del mundo, el dislocamiento del orden simbólico, efecto de la sexualidad, entendida ésta como la imposibilidad de representar la proporción entre los sexos. La no relación sexual, es la falla de la representación total del ser, siempre hay un déficit en su captación simbólica, un real.

Por ello no se puede pronunciar el nombre de Dios, porque Dios no sabe su propio nombre, cada vez que se quiere autoafirmar fracasa, produciendo lo indecible en nuestra realidad humana, creando la distorsión del mundo, lo que llamamos subjetividad es propiamente la distorsión fruto de la castración de Dios.

Esta distorsión produce al sujeto, el cual interpelado por el Otro, preguntándole acerca de su actuar con base a su deseo. Es lo que Heidegger conceptualizó como *Dasein*. El ser-ahí de la ex-sistencia, apertura a la revelación de la escisión del sujeto por el lenguaje, producto de una pérdida de su ser que se manifiesta como una ficción, una historia que da coherencia al mundo, una significación oculta, inaccesible, perdida en el tiempo que da origen al orden simbólico a partir de su falta o lo que es lo mismo, como manera de sostener la demanda de Dios, en tanto ignoramos el sentido de lo que se demanda. Sin embargo, la verdad es que: "Dios no cree en Dios" debido a que Dios no es un ente sino: "el lugar de un saber constituido por un material literal desprovisto en sí de significación" (Chemama y Bernard Vandermersch, 2004: 34). Esto quiere decir que Dios es inconsciente debido a que Él no tiene significación en sí mismo, es el ser humano él que le proyecta un significado oculto que posibilita crear y desplazar nuevos significados con base en su deseo. Utilizando una frase de la película animada *Kung Fu Panda*: "el secreto del ingrediente secreto es que no hay ingrediente secreto". Creer en el ingrediente secreto de la sopa de fideos o en la técnica secreta para convertirse en el legendario Guerrero Dragón es lo que la hace especial, este no hay, es lo que opera como "algo" en el "secreto": un resto fantasmático que subvierte al Otro.

Nos dice Lacan: "Decir: Dios no cree en Dios es exactamente lo mismo que decir: hay inconsciente. (…) Pero pregunto si no hay estricta consistencia entre lo que Freud propone como siendo el inconsciente, y el hecho de que, en cuanto a Dios, no hay nadie que crea en él, sobre todo él mismo, porque en eso consiste el saber del inconsciente" (Lacan, clase del 21 de mayo de 1974, Inédito).

Dios, es atravesado por lo real, "un real que no tiene nada que ver con aquello de lo cual ha sido soporte el conocimiento tradicional, y que no es lo que éste cree, realidad, sino de veras fantasma" (Lacan, *S23,* 2006a:158).

Lo real es la obliteración del Otro en tanto que muestra como el lenguaje no lo puede decir todo, siempre se dice más o menos de lo que se quiere decir, razón de esto, es la aparición de: los lapsus, los actos fallidos, el sueño, el chiste y los síntomas, es decir las formaciones del inconsciente.

Lo indecible del que habló Wittgenstein y luego Lacan teorizó como la falla en el discurso del Otro. Esto indecible (lo real) se encarna en el sujeto, no en el ser humano, sino en tanto agente que ejerce un efecto disruptivo en la continuidad discursiva de Dios, efecto literal de su dislocamiento simbólico.

Dios es inconsciente debido a que Él es ontológicamente inconsistente, existe en Él una desviación estructural producto de lo real sexual, que hace emerger al sujeto de lo inconsciente. Uno podría mostrar está tesis fílmicamente con la película *The Matrix* –film cargado no sólo de acción y ciencia ficción, sino también de infinidad de motivos filosóficos y místicos– Neo, el protagonista de la historia es una anomalía del sistema de control virtual de la *Matrix*, que lo convierte en el elegido, (*The chosen one*) y en el enemigo más peligroso de las máquinas que someten a los seres humanos, mediante un mundo ficticio. Lo sorprendente es que la existencia de Neo -cosa que es revelada en la secuela *Matrix Revoluciones*- es efecto de la necesidad estructural de la *Matrix* para generar un mundo virtual que produzca la ilusión de la elección. Un sistema absoluto no posibilitaría simular el libre albedrío humano, esta idea de poder elegir es lo que nos da la sensación de que la realidad es verdadera y no una simulación. Esto lo podemos constatar en los juegos de video, cuyo acercamiento a la realidad virtual se basa en las posibles alternativas que tiene el jugador para interactuar con el juego o con otros usuarios, otorgándole más movimiento debido a que puede elegir determinados accesos que le permiten una mayor asimilación al desarrollo del juego, haciéndolo más realista.

Regresando a nuestra analogía fílmica, las máquinas necesitan a Neo como parte de su programa para que parezca realista la realidad virtual, por lo que la *Matrix* es generadora de la falla subjetiva humana como manera de preservar la realidad objetiva del mundo virtual. Neo es el dislocamiento libidinal de la *Matrix* que le posibilita darle sentido al mundo, pero al mismo tiempo lo despoja de su sentido teleológico.

Es así como la sexualidad es una falla ontológica que afecta a Dios, en términos teológicos mostraría que la imperfección humana es consecuencia del goce de Dios. En tanto que "Dios es inconsciente", y lo es en tanto que la libido freudiana, es una perturbación en el todo, produciendo un no-todo, que nos muestra que si bien, Dios pudiera ser omnipotente, no puede ser omnisciente, no lo sabe todo, lo que posibilita el juego de los significantes, como juego de azar. Es lo que ha demostrado Gödel con su teorema de la incompletitud y la física con el principio de incertidumbre de Heisenberg, sin mencionar los postulados místicos de la física quántica. Es por esta razón que la sexualidad afecta al ser y lo que se produce es una falta en el ser que desemboca en el sujeto de lo inconsciente.

El sujeto del psicoanálisis no es un actor de la subjetividad, como lo podría ser una persona que practica yoga, hace meditación, crea arte o cualquier expresión de su personalidad, sino acto de subjetivación, en tanto agente que determina la falla en la súper estructura. Lo que se desenvuelve en el sujeto es una falta de significación con relación a quién es, que es llenada por el significante, es decir por la palabra. Esta falta de significación es representada por el significante en relación con otro significante, el sujeto encarna lo real del Otro, que sería propiamente su sentido, de esta forma el sujeto del psicoanálisis es real, no simbólico porque lo que regresa al sujeto es su síntoma como manera de llenar su vaciamiento de significación con el sentido de su sufrimiento.

Es el sentido de sufrimiento moral lo que genera la enfermedad mental y por ello uno no puede dejar de evocar la heroica tesis del crítico del establishment psiquiátrico (incluido el psicoanálisis), Thomas Szasz cuando afirmó categóricamente que las enfermedades mentales no existen medicamente, explicando que la nosología psiquiátrica era un conjunto de figuras retóricas de connotación religiosa. Szasz tiene toda la razón; lo que se le puede reprochar al autor del *Mito de la enfermedad mental*, es no haber comprendido que el inconsciente freudiano, no hacía más que recalcar su propia tesis, pero en un sentido radical, ya que el psicoanálisis estudia la *retórica del inconsciente* (Herrera, 2019) como manera de mostrar la ficción de la verdad y al mismo tiempo develar la verdad de la ficción, no sólo en lo concerniente a la enfermedad mental sino en toda la realidad humana.

¿No es acaso la creencia en la enfermedad mental de la misma naturaleza que la creencia religiosa? Por supuesto, Szasz había evidenciado a la religión psiquiátrica, compuesta de pseudo médicos creyentes en entidades nosológicas inexistentes que sustituían conductas de carácter moral por enfermedades. Retomando la historia de la locura, la enfermedad mental, ha pasado de ser un fenómeno espiritual religioso a un embuste médico. Ahora bien es precisamente este embuste, lo que le interesa al psicoanálisis, en tanto es una mentira disfrazada con artificio que es creada socio-simbólicamente, debido a la necesidad de acallar, el verdadero problema, que en Szasz, nihilistamente no toma en cuenta, no se trata de imponer la hipótesis del inconsciente para reforzar la creencia en la enfermedad mental, sino por el contrario, el inconsciente freudiano, demuestra la compulsión a llenar de sentido religioso la angustia por el vacío de significado de la existencia, precisamente en un sentido no consciente, se pretende llenar la ruptura del sujeto con el mundo, creando un sentido religioso y así no mirar su falta de amparo y su pereza ante él, prefiriendo desconocer su presencia en el deseo del Otro, generando con ello un sentido ante el dolor de la existencia, a partir de un significado sufriente como penitencia a su falta de reconocimiento. Error dialéctico por el cual se le inflama la cabeza de figuras ideáticas para alcanzar el beneplácito masoquista en el sentido del dolor.

Lacan juega con la homofonía existente entre la palabra alemana *unbewusst* (inconsciente) y *une-bévue* (un error) en idioma francés, para demostrar, precisamente que este desplazamiento homonímico sobre la palabra "inconsciente" es el saber mismo del inconsciente, en tanto muestra la ruptura de sentido que genera perspectivas subjetivas, las cuales son producto de las distorsiones de nuestro mundo simbólico.

Por supuesto la enfermedad mental no existe como entidad médica, pero sí como dolor psíquico, dolor del alma. Y siguiendo a Thomas Szasz, la enfermedad mental se manifiesta como un mito religioso y el origen de ese mito fue descubierto por Freud como un mecanismo para reprimir el vacío propio de la sexualidad, inventando por consiguiente sentidos pseudo sexuales en los síntomas de contenido religioso.

Freud no se ha apartado como bien lo comenta Lacan, de la tradición moralística, desde Montaigne hasta Nietzsche. Por lo cual Szasz se encuentra más cercano a Freud de lo que el mismo quiso aceptar, cuando enfatiza que la psicopatología es en verdad el tratado de la moral desviada del paciente, y ésta tiene un sentido herético, ya no con relación a una doctrina religiosa en particular, sino en función de un ordenamiento higienista comportamental de carácter religioso.

Concluimos entonces que la cura de la enfermedad mental, entendida ésta como trastorno del lenguaje religioso, es buscar limitar la demanda del Otro, por vía del ateísmo psicoanalítico como manera de reconocer el mal no en el otro, si no en uno mismo, perdiendo el miedo a la libertad, haciéndose cargo de su desamparo.

Y nos dice Lacan: "En efecto, la existencia del ateo, en su sentido verdadero, no es concebible sino en el límite de una ascesis que vemos claramente que sólo puede ser una ascesis psicoanalítica" (Lacan, *S10*, 2007b: 332).

¿Cuál es la verdadera fórmula del ateísmo? No es que Dios ha muerto, sino que Dios es inconsciente y lo es, no porque neguemos su omnipotencia, sino por su falta de omnisciencia, que al igual que el discurso del amo o del capitalismo, se ignora a sí mismo. Y debido a la pereza del sujeto, este Otro lo determina a una servidumbre voluntaria de un destino a veces ciego y otras veces funesto. Sólo a través de que el sujeto se despabile de su pereza y empiece a trabajar en su palabra, a ser realmente performativo con ella, es que podrá garantizar su propio destino, no a través del Dios teológico de perfección, sino a través del reconocimiento del inconsciente freudiano, el verdadero Dios del decir del destino del hombre.

EL PSICÓTICO SIN FE

Seré María

y te daré a Luz

Angelus Silesius

Como lúcidamente nos recuerda Kenneth Reinhard (2010: 53): "si bien a menudo se imagina la sintomatología alucinatoria de la paranoia como la creencia en cosas que no son reales, en rigor, sostiene Lacan, es todo lo opuesto: el paranoico no logra creer, no en tal o cual realidad, sino en el elemento transcendental, el Nombre del Padre". Este elemento transcendental, entendido en su sentido kantiano como condición de posibilidad para que exista la representatividad simbólica del sujeto, es en esencia lo que: "(…) atribuye la función paterna al efecto simbólico de un puro significante, y que, en un segundo tiempo, (...) es aquello que rige toda la dinámica subjetiva inscribiendo el deseo en el registro de la deuda simbólica" (Chemama y Bernard Vandermersch, 2004: 457-458).

El Nombre del Padre es entonces el operador que permite al sujeto su inserción al lenguaje en tanto metafórico, el cual agujera lo real del mundo, posibilitando al sujeto limitar el exceso libidinal producto de la sexualidad, experimentada esta como ajena e interpretada como una irrupción del Otro maligno u ominoso. ¿Qué es este Otro maligno? Lo encontramos por primera vez en el siglo XVII en las *Meditaciones Metafísicas* de Descartes: "(...) debo examinar, tan pronto como la ocasión se presente, si hay un Dios y, si hallo que hay un Dios, debo examinar también si puede ser engañador, ya que sin el conocimiento de esas dos verdades no veo que pueda alguna vez conocer algo con certeza" (AT IX-1,29).

Si tal genio existiera y quisiera engañarnos, no tendríamos modo de superar su intromisión en nuestras vidas, seríamos títeres a merced de un Otro maligno, nos convertiríamos en su objeto de goce, viviríamos en la paranoia. Pero esto no puede darse, dirá Descartes, ya que Dios es perfecto y por tal motivo, no nos abandonaría a merced de un espíritu malvado: "Dios, digo, quien, siendo soberanamente perfecto, no puede ser causa de ningún error" (AT IX-1,48).

Así que Él, que es la verdad, es el que nos alumbra y nos hace ver las cosas tal y como son, sin la intervención de ningún genio maligno que nos lleve a la confusión o a la locura. Descartes demostró la existencia de Dios como causa externa de la existencia, y como manera de garantizar nuestro libre albedrío, nuestra capacidad de discernimiento.

En Descartes es necesaria la existencia de Dios justamente para distinguir entre el yo y el otro. En efecto el *cogito, sum*, está reducido a la certeza de la existencia; para poder garantizar el mundo externo, es decir la realidad, Dios tiene que funcionar como garante de ella. Ahora bien, para que pueda tener esa función, se tiene que creer en él, porque sólo puede existir como espacio metafórico. Este espacio no es una dimensión que se sitúa en algún más allá; encarna en todos esos otros de quienes surgimos, a quienes nuestra palabra se dirige, en quienes ocupan un lugar especial en nuestro pensamiento: antepasados, padres, maestros, instituciones. Estas instancias se condensan en un sólo significante el Nombre del Padre, que les confiere la multiplicidad de significados que se encuentran fuera del sujeto que, aunque lo determinan, no pueden decir lo que es el sujeto en sí mismo, permitiendo su representación simbólica como vaciamiento de sentido.

Si hay fe –definida ésta no como certeza, sino como voluntad de creer en algo más allá de las cosas– hay fe en el Nombre del Padre, todo parece marchar bien, la realidad nos parece factible. Pero si por el contrario no existe ésta, nos encontramos con el Dios engañador y todo empieza a sentirse ominoso, extraño e imposible, dado que el sujeto al no creer en el Nombre del Padre, no cree en lo simbólico, lo que lo lleva a confundir su ser con una identidad significante que lo satura de sentido, sin mediación simbólica.

Dios deja de estar en el cielo y se produce el horror; fenómenos de automatismo mental afirma la psiquiatría, para Daniel Paul Schreber es la incomprensión de Dios sobre la naturaleza del hombre y nos invita a pensar en ella:

> "(…) soy de la opinión de que podría ser valioso para la ciencia y para el conocimiento de verdades religiosas posibilitar, mientras aún estoy con vida, cualquier tipo de observaciones sobre mi cuerpo y mis vicisitudes personales por parte de personas especializadas" (Schreber, 2008:39).

Daniel Paul Schreber (1842-1911). Presidente de la corte de apelaciones de Dresden y famoso jurista, padeció una psicosis paranoica, por la que fue inhabilitado de su cargo en 1900 y puesto bajo internamiento en un hospital para enfermos mentales, quedó a cargo del neurólogo Paul Fleshing para su tratamiento. Durante su segundo internamiento en el Hospital Mental Sonnenstein redactó sus "Memorias de un enfermo de nervios", publicada en 1903. Gracias a la publicación de esta obra, Schreber pudo curarse por un tiempo demostrando jurídicamente que su locura no podía aducirse como motivo de encierro y por consiguiente fue liberado hasta que la enfermedad recidivó, muriendo en el asilo de Leipzig en 1911.

Memorias de un enfermo de nervios es quizás la obra más importante para el estudio de las psicosis y su efecto religioso. En las *Memorias*, se puede observar la sensibilidad e inteligencia de un hombre que se desgarra en lo más profundo de su ser, experimentando los elementos constitutivos de toda crisis de fe, en lo referente a lo sagrado, el sacrificio y la búsqueda por el origen del mal.

Las Memorias de Schreber presentan el drama de un sujeto que es perseguido por Dios. Durante el delirio, Schreber experimentaba modificaciones en su cuerpo, pensaba que se encontraba sin estómago y sin vejiga, y que se había "comido la laringe"; además creía que el fin del mundo estaba cerca y que él era el único sobreviviente en un universo de pacientes y enfermeros que no eran reales, eran restos de hombres, a los que "las voces" que le hablaban en el lenguaje fundamental (el lenguaje de los nervios) le decían: "hombres hechos a la ligera". En tanto, Dios lo atacaba (con una serie de milagros que afectaban todo su cuerpo y su mente) para ponerlo a prueba y defenderse de las llamadas "almas probadas", almas corrompidas o pecaminosas y de la excitación de los nervios, los cuales ponían en riesgo la propia existencia de Dios. Por esta razón Schreber busca desesperadamente evitar su "almicidio".

Derrida se preguntaba: "¿si se puede disociar un discurso sobre la religión de un discurso sobre la salvación, es decir, sobre lo sano, lo santo, lo sagrado, lo salvo, lo indemne, lo inmune (sacre, sanctus, heilig, holy – y sus supuestos equivalentes en tantas lenguas)?" (Derrida y Gianni Vattimo,1997: 9).

"La salvación" de Schreber en contra de la ira divina era la "emasculación" donde él sufriría una metamorfosis por medio de los "Rayos" (estos eran el vehículo de Dios para expresar su voluntad sobre el cuerpo de Schreber, son la causa de los "milagros", que en todas las Memorias participan en un continuo de pruebas sobre él), cuyo fin era el de convertirlo en mujer, para que Dios pudiera preñarlo y así engendrar una nueva raza de hombres libres de pecado.

En el delirio de Schreber puede verse el mismo significado que le atribuían los antiguos griegos a la locura, como una forma de transmisión de un saber o un castigo de los dioses.

Las experiencias "sobrenaturales" de Schreber durante su delirio son similares a las experiencias descritas por chamanes o hechiceros, en donde se manifiesta un conocimiento sobre el éxtasis y lo sagrado. Como pasa con el Chamán, quien es "elegido" por los poderes sobrenaturales; lo sagrado se manifiesta a través de sus sentidos agudizados; y por tal aprende los nombres y funciones de almas y seres superiores, el lenguaje de los pájaros y una lengua secreta —"el lenguaje fundamental" (*Grundsprache*) de Dios— experimenta visiones y trances, ve, oye y siente sucesos ocultos para otros hombres. Dice que, "en el lenguaje del alma"; se le llama "vidente de espíritus", esto es, "un hombre que ve y se comunica con los espíritus o las almas de los muertos" (Schreber, 2003: 88).

"Schreber como algunos Chamanes, experimenta un aumento de luz en torno suyo, viste ropas de mujer y siente que es bisexual. Como casi todos los Chamanes, especialmente durante su iniciación, padece torturas físicas y desmembramiento" (Schatzman,1977:11).

La experiencia mística, la cual ha sido descrita en todas las grandes religiones, ha afirmado la posibilidad de una unión directa de Dios con el alma humana durante la existencia terrenal, por medio de visiones o éxtasis místicos, de un placer y conocimiento sobrehumano. Sin embargo, Schreber no cree en Dios, no cree en Él como Nombre del Padre, su relación no es como en San Juan de la cruz, de éxtasis vinculatorio, sino por el contrario Schreber no le da crédito a Dios, no tiene fe en Él, lo considera incapaz de entendimiento, de compresión, de establecer una relación de amor.

> (…) Dios, que en circunstancias normales sólo mantiene contacto con cadáveres— a fin de extraer y llevar hacia arriba sus nervios—, me trata con total desconocimiento de las necesidades que resultan de la existencia de un cuerpo viviente, como si yo fuera un alma o, en ciertas circunstancias, como si fuera un cadáver; cree poder imponerme toda la manera de sentir y de pensar de las almas, su lenguaje, etcétera; me exige un gozo constante o un pensamiento constante, etcétera. (Schreber, ídem)

Esta imposición de Dios sobre Schreber es lo que Lacan denominó goce, el cual implica la idea de una trasgresión de la ley: desafío, sumisión o burla. Lacan hace una distinción esencial entre placer y goce; el goce reside en el intento permanente de exceder los límites del principio del placer, un deseo inconsciente de anularse en el mal absoluto y en la autoaniquilación. Esto es lo que Dios significa para Schreber: puro goce. Y si bien como dice Martin Bubber: "El pensamiento de nuestro tiempo se caracteriza por realizar un esfuerzo radicalmente distinto. Por una parte, se trata de preservar la idea de lo divino como auténtica preocupación de la religión, pero, por otra, de destruir la realidad de nuestra relación con él" (Bubber, 2003:35).

Esta relación sólo es posible a través de la fe simbólica, sin ella, estaríamos atrapados en la psicosis. Como refiere Schreber: "Mis ideas anteriormente desarrolladas acerca de la incapacidad de Dios dentro de la relación, contraría al orden cósmico, que surgió para conmigo a causa de la conexión nerviosa establecida exclusivamente con un hombre individual, para juzgar correctamente al hombre viviente en cuanto organismo" (Schreber, ídem).

Esta incapacidad de entender las necesidades humanas nos proporciona una visión clara del Dios schreberiano de experiencia sin fe, es decir Schreber es obligado por Dios a gozar y a pensar más allá de lo imposible para que se pueda creer en Él, como manera de demostración –en lo real- de la existencia de Dios ante la falta de fe simbólica de Schreber.

Schreber durante su discurso, se encuentra como protagonista de todos los sucesos y manifestaciones, él es casi todo lo que le rodea y sin embargo todo se encuentra vaciado de su persona. No hay nada que lo identifique con su historia personal, se ha vuelto ahistórico, un ser sin pasado, sin presente, sólo la promesa de un futuro como la Mujer de Dios.

Schreber quiere lograr una identidad humana y para conseguirlo lo mueve "la necesidad de hacerlo a través de la interiorización de un pacto mágico con "lo otro", con lo no humano o suprahumano" (Echeverría, 2006: 40).

El delirio de Schreber nos muestra que Dios, al captar sus fuerzas y hacer de Schreber: retazo, bazofia, cadáver, objeto de todos sus esfuerzos de destrucción, queda atrapado en su propio plan. Es entonces, donde se produce la inversión de lugar y Schreber, se vuelve el gran peligro para Dios. Esto debido a lo que el psicoanálisis nos ha enseñado, que el sujeto es la castración de Dios, sin embargo, en el caso de Schreber, Dios lo hace su falo evitando su castración.

Los elementos que se desarrollan en el delirio de Schreber presentan una narrativa de las preocupaciones filosóficas fundamentales; el tema del cuerpo en todas sus dimensiones: el cuerpo en relación con lo psíquico del helenismo, el cuerpo como entidad biológica de la ciencia empírica del siglo XVII y el cuerpo como componente de estructura social o sea simbólica, el cual fue el tema que ocupo la preocupación intelectual de toda la filosofía del siglo XX en relación con el lenguaje.

El delirio schrebiano nos interesa en la medida que funge como paradigma del sujeto a partir de la forclusión del Nombre del Padre.

Un delirio es pura lógica formal. Schreber, puede hablar, puede escribir lo que le sucede y comunicárnoslo, sin embargo, al no existir el pacto del sujeto con el Otro, no puede realizar mediación simbólica entre él y el acontecer del mundo; por lo que sustituye la mediación simbólica por un diseminarse, una propagación estereotipada y egocéntrica como intento de significación a-simbólica de sí mismo.

Pascal nos dice que entre la razón y la sensibilidad se inserta un modo de conocimiento a un tiempo peculiar y universal: el del "corazón" el resultado de una integración de la universalidad racionalista dentro de la fe personal, el creer para comprender "es el corazón el que siente a Dios y no la razón", lo siente porque la razón constituye uno de sus momentos. Sólo a través de apostar a Dios (exista o no exista Dios, para Pascal es una cuestión de azar y él apuesta a la existencia de Dios ya que, aunque no se conoce de modo seguro si Dios existe, lo racional es apostar que sí existe) es decir tener fe en Él para garantizar el orden simbólico, manteniendo el límite del goce del cuerpo a través de la representación del Otro en el sujeto, sin esta representatividad metafórica, ficticia, el sujeto se vería envuelto en el goce de existir sin mediación simbólica, sin separación entre el cuerpo y las palabras, experimentando la realidad metonímicamente con la Cosa: el objeto ominoso de imposibilidad, complementándose con ella, convirtiendo al sujeto en un "desujetado" que llena el vacío de sentido del Otro con su cuerpo, a falta del garante externo de orden simbólico, cayendo por ello en un mundo de milagros de un genio maligno cartesiano.

Un ejemplo cinematográfico para mostrar el efecto de las afirmaciones anteriores es el film *Spider* de David Cronenberg. Spider (Ralph Fiennes) es dado de alta del manicomio y alojado en un hospicio de tránsito entre el centro de salud mental y la libertad. Allí es básicamente maltratado por la burocracia institucional dirigida por la señora Wilkinson

(Lynn Redgrave). En ese lugar, el cual parece ser el pueblo de su infancia, Spider comienza a recordar los fantasmas de su niñez, la ilusión de un pasado aparece, y los muros que su mente levantó para protegerle de los recuerdos sucumben ante lo que le ocurrió tiempo atrás. Entonces se nos presentan las imágenes de un Spider niño (Bradley Hall), un muchacho sensible y callado que "presencia" cómo su padre asesina brutalmente a su madre y la reemplaza por una prostituta: Ivonne (Miranda Richardson). Convencido de que su padre asesinó a su madre en colaboración con Ivonne y pensando que tratan de engañarlo –con el argumento de que su madre no ha muerto pues es en realidad Ivonne – y así poder quedar impunes.

Spider concibe un plan para asesinar a su "supuesta madre". Spider mata a su madre, pero se da cuenta de que "en realidad" no era Ivonne sino su verdadera madre.

La película muestra como la falta de creencia en el significante del Nombre del Padre hace al sujeto percibir la realidad como un engaño del padre, cuya dimensión simbólica de ley se encuentra forcluida en la estructuración de la percepción del Otro de Spider.

En la trama de la película podemos observar cómo Spider niño ocupa el lugar del del goce del padre, impidiendo que devenga en sujeto deseante. Esto ocurre en la escena en donde Spider niño está comiendo junto a sus padres y hace un ruido con los cubiertos —en busca de articular una demanda, una forma de construirse como sujeto deseante- el padre al percibirlo, lo fulmina con una mirada de desaprobación.

El protagonista se siente expuesto desde muy pequeño a la amenaza de una agresión interior que, proyectada al exterior, le descubre un medio ambiente que, en el plano fantasmático, siente como peligroso por la falta de un garante de ley simbólica. Esta situación de proyección agresiva ocurre en todo niño normal en el punto culminante del Edipo; el superyó sería el resultado de la introyección de una imagen parental que se siente como aterradora (Mannoni, 1987).

Sin embargo, si no hay Nombre del Padre, como instancia externa a los progenitores, que posibilite su función metafórica, entonces la elaboración normal de un superyó no se cumple y el niño se encuentra perseguido por un superyó feroz, el padre de la horda primordial freudiano, que no respeta el límite de goce.

Las alucinaciones de Spider sobre la prostituta que ocupa el lugar de su madre y en otro momento la Señora Wilkinson (la cual intenta asesinar, durante un pasaje psicótico) muestran la incapacidad de soportar la ambivalencia simbólica entre los significantes: "madre" y "puta", al separarlos, el elemento contradictorio residual deviene en lo real como figura persecutoria.

Durante el delirio, Spider instrumenta la historia de conspiración como manera de limitar el goce del Otro sobre él, como un intento de reintroducir la ley simbólica.

La situación que experimentamos como espectadores es de desconcierto, es producto "de la incapacidad simbólica" que produjo la falta de fe en el Nombre del Padre en Spider. Esto es lo que nos proporciona las dos diferentes interpretaciones sobre lo que sucedió. Por una parte, la percepción de la mentira de la realidad y la persecución que sufre Spider, esta es producto de la forclusión del Nombre del Padre y la otra, el descubrimiento del asesinato de Spider de su madre, la cual es la interpretación del espectador, precisamente posible por la fe en el Nombre del Padre, la cual nos hace creer en una realidad constituida externamente a la del sujeto.

En la experiencia analítica, el analista tiene que creer en lo que le dice su paciente, la realidad es la realidad psíquica del sujeto, lo que interpreta el analista es lo que se presenta como una creencia religiosa, una con fe simbólica y otras sin ella, pero ambas basadas en una respuesta a la demanda del Otro.

EL PERVERSO UN CREYENTE

es verdad que eres
la pura nada
nadie puede asirte
ni aquí ni el ahora
cuanto más lo intentan
mis manos
más te me escapas

Angelus Silesius

Ante la célebre frase de Dostoievski en los *Hermanos Karamasov* de que "Dios ha muerto todo está permitido" nosotros incorporamos la frase lacaniana "si Dios ha muerto nada está permitido". Es evidente que si Dios está vivo puede haber una suspensión ética de los valores sociales establecidos. Es así como, en la guerra cristera, los defensores de la fe podrían torturar y asesinar a los opositores gubernamentales sin ninguna culpabilidad. De la misma manera que el terrorista puede "hacer volar" a civiles inocentes en su lucha contra los no-creyentes. Dios lo permite y lo exige. Mientras que una moral basada solamente en el sujeto contiene prohibiciones, debido a que uno es el responsable, no una entidad externa a la voluntad del sujeto. Todo el peso recae en la persona. Es por esto que, aunque la terapia analítica destruya al superyó como entidad represiva representante de los significantes amos alojados en el Otro con mayúscula, no quiere decir que el paciente va a hacer su voluntad indiscriminadamente, muy por el contario se volverá más ético, mucho más consciente de las prohibiciones, en tanto éstas se encuentran basadas en su autodeterminación, lo que lo hace absolutamente responsable de sus actos. En psicoanálisis no existe la inimputabilidad del sujeto.

Del mismo modo Nietzsche no permite no hacerse cargo de la voluntad, incluso si esta es malvada. Habría que reconocer que si se realizó una acción mala fue por el placer de ejecutarla, no por la obligación ante un Otro que la justifique, hecho que sí se encuentra presente en la perversión, ya que el perverso es un creyente.

La sexualidad humana es la condición material de nuestro comportamiento disfrazado o corrompido por la represión cultural. Nietzsche como médico de la cultura observó como "el cristianismo había dado veneno a beber a Eros, éste no murió, pero degeneró en vicio". ¿No podríamos utilizar esta misma fórmula para nuestra condición posmoderna en términos lacanianos? El capitalismo como el nuevo Dios obscuro ha dado veneno a beber al deseo, éste no ha muerto, pero ha degenerado en goce. Nuestra sociedad capitalista a través de la omnipotente ciencia "diosificada" ha incorporado un nuevo mandato superyoico que implica el imperativo de goce como "absoluto" bajo la forma de las drogas "milagrosas". La promesa psicofarmacológica cuyo slogan es: "pare de sufrir", pretende anular lo trágico de la vida transformando al sujeto deseante en un sujeto adormecido, calmado o paradójicamente hiperactivo, para que siempre pueda estar en estado productivo para el Sistema. Para ello será necesario modular los estados de "crisis" subjetiva del individuo mediante el uso de psicotrópicos: su sensación de angustia con sedantes y su tristeza con antidepresivos para que el sujeto pueda seguir gozando del trabajo. No es necesario dejar las actividades por un punto de quiebre existencial que nos pudiera sacar de nuestra aburrida "normalidad".

En el campo de la intimidad erótica, el capitalismo ha logrado inmiscuirse de tal forma en el deseo, que ya no es necesario desear, podrá usted gozar ¡lo quiera o no!

No más impotencia gracias al viagra, power sex, llegando a la implantación quirúrgica de una barra de titanio en el pene para siempre poder tener el miembro erecto. ¿No es esto la realización del fantasma del goce eterno en detrimento del deseo? El deseo es forjado por una necesidad de carácter radical que genera cambio subjetivo, toda crisis es una oportunidad de afirmar esta necesidad, que produce una demanda al deseo del Otro, si esta demanda es satisfecha por una vía no subjetiva, se detendrá la crisis artificialmente a través de calmantes y o estimulantes, por lo que el deseo perdería en favor del goce, entonces el sujeto seguirá gozando, sufriendo de la angustia debido a que el deseo está obturado.

El imperativo de goce no es una manera de rebelión en contra del Superyó sino por el contrario es una manifestación propia de su lado obscuro, de su parte siniestra, inextinguible obsesión por el cumplimiento del mandato aún fuera de toda consideración placentera para el sujeto. Es ahí donde Lacan ha puesto la trasgresión del perverso en el lugar de un más allá de la Ley bajo la consigna kantiana del imperativo categórico (el cual no está condicionado por ningún fin, de modo que la acción se realiza por sí misma y es un bien en sí misma) fuera de todo pathos para transformar el sexo en una obligación. En *Kant con Sade,* Lacan se ha dado cuenta que la estructura del perverso no es una subversión erótica ante la Ley social sino más bien el reverso de la ley como imperativo de goce. Si leemos las obras del Marqués de Sade lo que encontramos no es una erótica, ni siquiera una pornografía, sino un estricto reglamento sobre el goce. Ingenuamente uno podría pensar que en Sade hay una rebelión a las normas, sin embargo, es la obediencia a la norma misma pero invertida.

De tal manera que el perverso sadeano es en estricto sentido un kantiano ya que para él, no importa el placer sino obedecer el mandato del goce, un imperativo categórico, frases como: "tu cuerpo es la iglesia donde la Naturaleza pide ser reverenciada", "destrucción, por lo tanto, como la creación, es uno de los mandatos de la naturaleza" y "franceses un esfuerzo más si queréis ser republicanos" para fomentar en los libertinos el "cumplimiento" de sus deberes en forma de violaciones sexuales y éstas siempre tienen la implicación no del placer del sujeto, sino la obediencia a la Naturaleza como un Otro absoluto, un orden metafísico, podríamos decir que la obra del Marqués de Sade no es en ningún sentido atea, sino por el contrario es una teología de obediencia a un Dios Obscuro en contra quizás de un Dios de Luz, pero en estricto sentido un Dios omnipotente. A diferencia de la concepción de Freud y Lacan donde: Dios está castrado, es decir es un Dios incompleto, lo que posibilita al sujeto hacerse cargo de su propio porvenir, hacerse cargo de su propio deseo, sin la necesidad de que el Otro "mayusculizado" sea su garante.

Si bien la tradición moderna a través de la Ilustración ha dejado de lado el lugar del Dios teológico, en nuestra actualidad hay un nuevo Dios, el Dios de la Ciencia, un Dios todo poderoso cuya principal manifestación se encuentra en la farmacología y su negación de lo trágico bajo la promesa inhumana del goce absoluto.

Este goce absoluto lo podemos ver expresado paradigmáticamente en la película de Darren Aronofsky: *Requiem por un sueño (EE. UU. 2000)*: filme basado en el libro del mismo nombre de Huber Selby Jr.: el cual narra varias historias paralelas que acaban vinculadas por la relación entre la solitaria viuda Sara Goldfarb (Ellen Burstyn) y su hijo Harry (Jared Leto). La madre de Harry sufre de una profunda soledad, la televisión es su único refugio, como fuente de estimulación y de compañía en su vida. Su anhelo más ferviente es poder aparecer en un concurso televisivo, para poder captar la atención de su hijo –lo que trasluce un conflicto edípico– Sara necesita convocar la mirada del Otro. Durante su fantasía imagina las cámaras tomándola y a lo lejos la mirada de Harry admirándola y finalmente abrazándola con afecto. Para llevar a cabo esta fantasía, Sara emprende una dieta para poder lucir más bella en televisión y así complacer a su hijo, en consecuencia empieza a tomar pastillas para adelgazar, (sibutramina, un fármaco, el cual actúa inhibiendo la recaptación de serotonina, dopamina y norepinefrina a través de sus dos metabolitos activos, provocando de esta manera un estímulo prolongado sobre el centro de saciedad del sistema nervioso, disminuyendo el apetito, y generando -en forma paralela- un aumento en el gasto de energía). Sara entonces empieza a experimentar síntomas de sequedad bucal, constipación, cefaleas e insomnio hasta llegar a una sintomatología psicótica. Mientras tanto, Harry y su bella novia, Marion Silver (Jennifer Connelly), entablan una relación de desconocimiento imaginario, de supuesta complementariedad, que los lleva a construir fantasías sobre su futuro y la búsqueda de una vida perfecta. Mientras se drogan sueñan sobre esta vida que les aguarda. Para lograr sus planes Harry y su mejor amigo Tyrone C. Love (Marlon Wayans) emprenden un negocio como vendedores de droga, los tres jóvenes parecen comenzar a experimentar el éxito, sin embargo, muy pronto el sueño se desvanece dando lugar a la pesadilla. Harry y Marion se separan, al producirse una ruptura en lo imaginario. Harry sufre la amputación de un brazo necropsiado por las continuas inyecciones de heroína; Tyrone es arrestado y confinado a la prisión; por su parte Marion se prostituye en una escena dramática, donde es observada por un auditorio frenético de excitación al verla copular con otra mujer, y finalmente Sara es llevada a un hospital psiquiátrico donde se le practica electroshocks. Una interpretación de la película, llamémosla "moralista" tiene como finalidad mostrar el peligro de las drogas, otra visión psicoanalítica, la que aquí nos interesa, puede mostrarnos la falsedad y lo peligroso de la creencia en el Otro como completo. Los personajes al querer escapar de lo trágico (de la castración) son llevados a un goce que se manifiesta en lo real sin mediación simbólica. Esto debido a que todas las relaciones se mantienen en un plano enteramente imaginario, no producen trabajo simbólico ante la falta, todos viven en una fantasía interna donde cada uno se engaña, intentando una salida fácil y rápida a sus conflictos emocionales pretendiendo alcanzar la plenitud sostenida por la creencia de que hay un Otro completo.

Los personajes experimentan angustia —ante el deseo— y pretenden extinguirla a través de las adicciones, pero ésta reaparece en forma de lo real, llevándolos al desasosiego y a la destrucción. Todo se transforma en pérdida de razón, dignidad, libertad y desmembramiento.

La perversión es la desmentida de la falta en el Otro, producto del horror a la castración, en tanto que ésta se presenta fantasmáticamente en forma de angustia ante el vacío, en otras palabras, una cobardía ante el deseo.

EL PARAISO PERDIDO DEL NEURÓTICO

un niño llora
lo han destetado
¿dónde está mi madre?
así grita mi espíritu
y solo tú
lo puedes saciar

Angelus Silesius

L acan concibe a la familia desde su origen biológico, como el resultado del efecto prematuro, inacabado, de una falta de maduración en la condición humana, cuya única salida fue la agrupación de los hombres para garantizar la sobrevivencia de la especie. Esto quiere decir que es imposible la venida al mundo sin el otro.

Partiendo de los trabajos de Bolk sobre la teoría de la fetalización del cuerpo humano, la cual establece que el ser humano sigue siendo un feto después del nacimiento, es por esta razón el prolongado tiempo de cuidado requerido para el bebé. A diferencia de cualquier otro mamífero superior, el niño necesita años de cuidados para que pueda sobrevivir en el mundo. Esta condición de precariedad y la relación de poder —en tanto que es decisión del cuidador si el niño vive o muere— que se establece durante la primera infancia, condicionan la formación mental del individuo. Estos patrones de comportamiento que operan en el humano se constituyen en lo que el psicoanálisis ha denominado Complejo de Edipo.

La palabra complejo es un concepto que le debemos a Carl Jung, el cual lo denominó: como un conjunto organizado de representaciones y de recuerdos dotados de intenso valor afectivo, parcial o totalmente inconscientes. Un complejo se forma a partir de las relaciones interpersonales de la historia infantil; puede estructurar todos los niveles psicológicos: emociones, actitudes, conductas adaptadas. Freud utilizó este concepto en su complejo de Edipo para definir el conjunto organizado de deseos amorosos y hostiles que el niño experimenta respecto a sus padres. Este conjunto es el inicio de la organización de representaciones cuyo desarrollo desemboca en otro complejo, el de castración, en donde el Edipo es la causa y el efecto es la castración como prohibición a la madre de reincorporar a su hijo y del hijo de retornar al vientre.

La posición de Lacan con respecto a los complejos del psicoanálisis es mostrar el origen estructural de las relaciones edípicas y el efecto socio-simbólico de la castración. Para Lacan el complejo de Edipo se gesta mucho antes de lo que teorizaba Freud, cuando el cachorro humano, todavía no deviene en niño o niña antes de la constitución subjetiva, antes incluso del complejo de destete, que muestra claramente la separación del objeto nutricio como la privación de la madre, sino anteriormente, en el instante mismo del nacimiento cuando el feto deja de ser uno con la madre. Al venir al mundo, se genera una pérdida del propio cuerpo, debido al proceso de sexuación, que lo lleva a perder algo de su ser, vinculado con la madre, lo que las parteras llaman secundinas. El recién nacido llega al mundo fragmentado por la separación del cordón umbilical y por la pérdida de la placenta que constituían parte de su cuerpo. Esta pérdida es lo que lo coloca en una situación de incompletitud y lo que lo hace desear la restitución de la parte del cuerpo perdido.

El papel del cuidador, el cual puede ser la madre u otro cualquiera, cuya función será alimentar y proveer al infante para que pueda vivir, esto implicará que el bebé quede a merced del deseo del cuidador. Éste tendrá el don de reconocer al infante como parte de la familia. Este reconocimiento no solo tiene implicaciones en la supervivencia del crío, sino también en la constitución de su Yo. Es decir, lo que suple la fragmentación del cuerpo del sujeto es la identificación con la imagen de los cuidadores, la cual le permite generar la imagen de sí mismo, a través de la identificación con el semejante, con su cuidador, creyendo que el cuidador posee la parte que le hace falta a su ser.

Sabemos por Hegel que la autoconciencia es producto del reconocimiento del otro. Para el psicoanálisis el bebé requiere del reconocimiento del cuidador para poder formar su identidad. Esta identidad se forja por identificación con las representaciones de los que fungen como los padres, estos no necesariamente son los padres biológicos sino los que funcionan dentro del rol parental. Esta representación de roles al mismo tiempo que le proporciona al sujeto una plataforma para cubrir la fragmentación innata de su ser, a través de las identificaciones con las representaciones parentales fijadas en su inconsciente. También hacen que quede atrapado en esas mismas identificaciones, las cuales orientarán ulteriormente su conducta y su modo de aprehensión de los otros. A este proceso identificatorio se le conoce como imago.

Es de notar, que la concepción lacaniana del Edipo rompe con todo psicologismo del teatro de títeres de una familia burguesa, con la escenificación de la triada: padre, madre y niño varón.

En vez de este clisé, Lacan da cuenta de la verdad del juego edípico, no son personas, sino funciones, es decir representaciones, rasgos actitudes y palabras de los cuidadores introyectados en el sujeto a su cuidado. Es decir, las creencias, muchas veces ambiguas y contradictorias que se transmiten filogenéticamente por generaciones de cuidadores sobre el sexo y la muerte. Estas creencias son los elementos constituyentes del imago parental que orientan el comportamiento del infante y en el futuro constituirán los patrones comportamentales que lo regirán en su salud y en su enfermedad.

No es de admirarse que tanto poder por parte de los padres genere en el niño la ambivalencia en su afecto hacia ellos, por una parte la fijación sexual se basa en la disposición de los padres a protegerlo, mimarlo, acariciarlo y besarlo y por el otro en privarlo del afecto e incluso ponerlo en peligro por la voluntad de sus cuidadores, que en muchas ocasiones no saben lo que hacen, cómo podrían saberlo, no existe un manual sobre la crianza que pueda prever los efectos de una atención o desatención, de una caricia o un golpe, de un acercamiento o un alejamiento, los cuales nos hacen recordar la fábula de Schopenhauer sobre los erizos, que al tener frio y para no morir congelados se acercan para darse calor, pero terminan lesionándose por las espinas de sus cuerpos. De tal manera, que requieren una cercanía problemática que les proporcione el calor que requieren sin lastimarse.

Sabemos que Freud tomó para su complejo el mito de Edipo, conocemos las motivaciones del héroe en su trágico destino, al matar a su padre y tener hijos con su madre.

Pero ¿qué sabemos de los padres de Edipo? En el mito griego, el padre de Edipo Layo es un violador de menores que ha sido maldecido por Pélope por deshonrar a su hijo. La madre de Edipo, Yocasta acepta el plan infanticida de su esposo. No son, acaso estas actitudes de ansiedad y angustia, de ambivalencia, las que fueron transmitidas a Edipo por sus padres, no solo por ellos, sino también por la propia tradición oral griega, trasminada por el Oráculo en forma de un mandato de un deseo de muerte en el que se identifica Edipo.

De estos postulados Lacan introduce la función en psicoanálisis, la cual muestra la importancia de las figuras parentales en la formación de la identidad del individuo. Está posición manifiestamente lógica y no personalista, recrea la convicción freudiana de que no existe la psicología individual, toda psicología es social y el inconsciente no es una cosa sino un lugar, una red de comunicaciones, de representaciones, de significaciones cuya estructura enigmática revela la pregunta que da origen al inconsciente freudiano: ¿Qué es un padre?

Ahora bien, el neurótico es aquel personaje discursivo que anhela la restitución del paraíso perdido, ser perdonado por el Padre todo poderoso, del pecado sexual, constituido por el símbolo de la tentación de la mujer del fruto prohibido del conocimiento –siguiendo a Freud– de la diferencia sexual, de la verdad, en tanto impotencia ante la completitud, cuyo efecto desemboca en el bien y en el mal, no como principios antagónicos, sino como conceptos dialécticos de un mismo principio incompleto, no hay "bien" ni "mal" completos, de la misma manera que no existe "Mujer" ni "Hombre" como completos, este es el secreto de la bisexualiadad freudiana, no es que seamos mujer y hombre a la vez, sino que nadie puede ser completamente hombre o completamente mujer, aunque soñemos con esta complementariedad, a través de restituir al Padre su potencia sexual, por esta razón, el neurótico vuelve su deseo imposible, precisamente porque no quiere ver lo imposible, como manera de preservar la potencia del Padre e imaginar con ello que pronto dejará de existir la falta y regresará algún día a sentirse completo. Así se reprime la verdad de la impotencia. La cura psicoanalítica pretende cambiar la verdad como impotencia por la verdad de la imposibilidad, es decir salir del impasse de la impotencia con la aceptación de lo no posible como punto de encuentro con el deseo.

Podemos utilizar el filme *Whiplash* del director Damien Chazelle para ejemplificar, la tesis anterior en su relación con la sintomatología obsesiva: Andrew Neiman es un ambicioso estudiante de jazz que toca la batería. El cual busca desesperadamente su individualidad ante una familia que no comprende sus intereses musicales y un padre sobre protector que inconscientemente proyecta su mediocridad a su hijo, producto de sus propios fracasos.

Andrew logra incorporarse en la clase del célebre y sádico profesor Terence Fletcher con la finalidad de alcanzar notoriedad (en una búsqueda por el reconocimiento del Otro) debido a lo elitista de la pertenencia a esta clase y a la importancia de la orquesta dirigida por Fletcher –cuya representación psíquica es la inversión de la figura paterna de Andrew- Al principio el entusiasmo de Andrew es suficiente para soportar la rigurosidad de las clases de Fletcher, sin embargo, las exigencias y el maltrato de Fletcher van aumentando, haciendo imposible mantener la frustración de lado.

Poco a poco Fletcher va enloqueciendo a Andrew explotando la sumisión de éste a sus ideales inconscientes, que neuróticamente le ordenan desear una perfección inalcanzable, si bien la ejecución de Andrew mejora por este método de enseñanza, la frase lapidaria de Fletcher "*not quite my tempo*" sirve como un imperativo superyoico de goce que lo va a llevar a terminar con su novia, accidentarse en el auto, abandonar la carrera de música, no sin antes acusar a Fletcher de acoso, causándole con ello, su despido de la universidad.

Un día por casualidad Andrew se encuentra con Fletcher en un bar de jazz donde éste último toca y se ponen a platicar. Fletcher aparentemente sin saber que Andrew lo delató ante el consejo universitario, justifica su maltrato, argumentando que sólo a través del dolor puede uno sobresalir de la mediocridad de los otros. La idea nietzscheana de Fletcher es que el deber de un maestro es generar el genio a costa de lo que sea. Andrew se siente conmovido por la pasión de Fletcher que, aunque radical, muestra un amor por la música que él mismo comparte. Andrew acepta la invitación de Fletcher a tocar en su orquesta de jazz en un próximo evento musical, sin saber que es una trampa de Fletcher para humillarlo públicamente. Ya en la presentación, Fletcher devela su plan, diciéndole a Andrew: "Crees que soy estúpido, sé que fuiste tú". Andrew queda horrorizado por la trampa de Fletcher, quien ha cambiado la música planeada de antemano con Andrew para que éste no pueda seguir a la orquesta, ya que no cuenta con las partituras correctas, haciendo que toque mal y quede terriblemente ante el público, entre los que se encuentra su exnovia y su padre.

En ese momento se baja del escenario derrotado dirigiéndose a su padre que lo espera con los brazos abiertos y con una mirada de lástima. Abraza a su padre, pero en ese punto algo se aclara en su ánimo y una suerte de deseo lo invade y decide regresar al escenario donde vuelve a sentarse en la batería y comienza a tocar Whiplash. Fletcher no lo puede creer, y trata de disuadirlo de tocar, pero Andrew no da tregua, simplemente quiere tocar como nunca ha tocado, Fletcher desconcertado se da cuenta que Andrew ya no lo obedece (éste ha dejado de depender de la demanda del Otro para sostener su deseo) ahora acontece la emergencia del genio como formador de estilo. Fletcher, decide dirigir para que Andrew luzca su genialidad, haciendo de la escena final, bajo las repercusiones de la batería, un frenesí que trastoca nuestros sentidos para luego terminar en un corte, en un silencio, en una escansión psicoanalítica que nos deja a nosotros, los espectadores con una sensación extrema, de por fin haber alcanzado un más allá, por un instante, en toda su magnificencia, la exaltación del sentido de la frase de Nietzsche: "tenemos arte para no morir de la verdad".

LA CIENCIA HIPERMÁGICA

tiempo y espacio
el ahora y la eternidad
repiten los labios múltiples
quién puede distinguir
lo que es el tiempo del espacio
el ahora de la eternidad
si en el fondo todo es uno

Angelus Silesius

É mile Meyerson (1933) en su excepcional libro: *Lo real y el determinismo en la física quántica*, explica que la ciencia tiene como fin explicar lo real, domesticándolo con base en la razón. Meyerson dice que lo real es precisamente lo que se resiste a la deducción de la razón, ya que lo real se ajusta parcialmente al determinismo y a la causalidad. Así también para Freud lo real tanto en física como en psicoanálisis tiene la categoría de *Unerkennbar* (no discernible) y sólo puede ser asimilable a través del trabajo científico.

> *Lo real-objetivo permanecerá siempre "no discernible". La ganancia que el trabajo científico produce respecto de nuestras representaciones sensoriales primarias consiste en la interacción de nexos y relaciones de dependencia que están presentes en el mundo exterior, que en el mundo interior de nuestro pensar pueden ser reproducidos o espejeados de alguna manera confiable, y cuya noticia nos habilita para comprender algo en el mundo exterior, preverlo y, si es posible modificarlo.* (Freud, 1994a: 198)

Para Meyerson la razón es del orden de lo unitario idéntico y lo real es del orden de lo múltiple diverso. Para Lacan la identificación es la condición para que, en el estadio del espejo se constituya el Yo (*moi*) como una imagen unificada para suturar la fragmentación de lo real del cuerpo.

La ciencia es para Meyerson la tentativa de explicación de lo real a través de la búsqueda de su imagen. Esta imagen sólo es posible a través de la identificación, el intelecto necesita de la identificación de los fenómenos en el espacio y el tiempo, como principio de conservación y debido a que la realidad es variada. Para explicar esta variación, el intelecto tiene que reducir esta variedad a categorías de identidad. A través de los postulados de la unidad de la materia, del espacio uniforme y del vacío (Meyerson, 1933).

El hombre hace de lo múltiple y de lo diverso algo unificado y consigue, en el curso de este esfuerzo, una adecuación parcial entre lo real y lo idéntico. Por un lado, la ciencia misma en su ambición por comprender lo real, llega a la comprensión de lo inasible: la velocidad de la luz en el vacío, la carga del electrón, la constante de Planck, la constante gravitacional, la constante eléctrica, la constante magnética; la tridimensionalidad del espacio, etc. El hombre de ciencia lucha con los impases de la formalización en su búsqueda por una imagen de lo real.

Lo real no es el mundo. No hay la menor esperanza de alcanzar lo real por la representación. No voy a empezar a argumentar aquí con la teoría de los quanta no con la onda y el corpúsculo. Mas les valdría no estar en babia, aunque la cosa no les interese. Pero si quieren estar al tanto, entérense, basta abrir unos cuantos libritos de ciencia. (Lacan, 2007a: 82)

Para Lacan lo real –recuperando la teoría del conocimiento de Meyerson- es aquello, que se resiste a la simbolización y al no poder ser asimilado en el campo de lo simbólico retorna para el sujeto en lo real como delirio o como alucinación, lugar de la locura, la otra escena, donde el sujeto entra en el campo de lo imposible.

Lo real es el lugar donde ya no existe un "Velo de Maya" que proteja al sujeto, la ansiedad y el trauma son lo real, en tanto indiscernibles, los cuales nos hacen buscar desesperadamente una mediación sobre ellos. Lo real es el objeto de la ansiedad, donde las categorías y las palabras intentan aminorar la violencia que ejerce sobre el cuerpo del sujeto.

El cuerpo como lo advirtió en su momento Nietzsche produce una lógica alternativa del exceso, una transvalorización cuyo objetivo es el provocar una revolución y una denuncia de la decadencia de la "normalidad". De esta genealogía partió George Bataille recuperando la visión nietzscheana de lo irracional y del derroche que existe dentro de la naturaleza del hombre. Un ejemplo de esto es el sacrificio, donde se muestra un acto de total exceso, un derroche que horroriza la conciencia moderna por su violencia, su sin sentido, e irracionalidad.

Lo que alienta a Bataille, no es la tolerancia al sacrificio, sino el mostrar, que este sacrificio revela el límite de la sociedad moderna. También muestra las contradicciones dentro de las sociedades productivas, productoras de desechos: pobres, prostitutas, desempleados, enfermos, delincuentes, asesinos, dementes, etc., estos desechos no son asimilados por el sistema ya que no son materia de equivalencia ni intercambio, en otras palabras, son heterogéneos.

Bataille con base en el nombre dado por los antiguos anatomopatólogos a los tejidos mórbidos que no tenían analogía con los tejidos del cuerpo, crea el término de heterología para designar "la ciencia de lo que es enteramente otro" (Andrew y Sedgwick, 2002: 19). La ciencia de lo irrecuperable, cuyo objeto es lo "improductivo": los desechos, las heces, la inmundicia, lo anormal.

La heterología, explica lo que queda fuera de la uniformidad del mundo, retoma la existencia que se encuentra fuera del campo de la norma y su objeto es lo que el cuerpo segrega, todo lo que se excreta por el orificio bucal, todo aquello que no produce lenguaje; el llanto, la carcajada, el grito y la alucinación. La heterología no sólo engendra una subversión en el orden simbólico, sino también, encaja la reivindicación de las pulsiones de destrucción en el cuerpo social, pulsiones que van en contra de los intereses de una sociedad decadente, pero que se revelan en los momentos revolucionarios.

"El hombre dirá Hegel: es esta noche, esta nada vacía, que contiene todo en su indivisa simplicidad: una riqueza, infinitas representaciones, de imágenes, ninguna de las cuales llega precisamente a su espíritu, o (más bien) no están en él como realmente presentes" (Bataille, 1988: 4).

Para Bataille, Hegel revela la negatividad de la existencia, en términos trascendentales. Lo real puede aparecer como horror a la negatividad, ésta necesaria para la vida, como el elemento de impasse, donde se desarrolla lo simbólico.

Esta negatividad, querría ser en la antigüedad domeñada por la magia, por los rituales chamánicos y por los rituales sagrados para darles sentido a través de una visión cosmológica y cosmogónica. Hoy en día la tecnocracia ha inundado de positividad el mundo, fomentando con ello la expulsión de la negatividad de nuestra realidad, sirviendo como un modelo enloquecedor de pura positividad, sustituyendo los elementos simbólicos que dan cuenta de la existencia del sujeto como indeterminado, instalando una positividad tecnológica. Ruido y brillantez que ocultan la negatividad y la reflexión sobre la existencia misma.

La ciencia se expresa en términos matemáticos y éstos a su vez representan signos algebraicos, lo cuales no tienen sentido en sí mismos, pero tienen un efecto de significación sobre la realidad del lenguaje. La magia antigua: los conjuros, encantamientos, maldiciones y bendiciones, también no tienen más sentido que el que les proporciona una holofrase: "abracadabra". Esta palabra funciona, no por una fuerza sobrenatural, sino por su eficacia simbólica. Esta eficacia es el don de la palabra sobre el cuerpo y su unión imaginaria es consecuencia de lo simbólico sobre lo real, produciendo magia simbólica. El psicoanálisis a diferencia de las prácticas de chamanes y hechiceros es *hipermágica*, ya que trasciende los espacios simplemente fantasiosos del pensamiento mágico para tocar lo real, como efecto imposible de lo simbólico.

Un ejemplo cinematográfico de lo anterior es la película *Vanilla Sky* del director Cameron Crowe, argumento original de Alejandro Amenábar y Mateo Gil.

David Aames (Tom Cruise) tiene todo lo necesario para ser feliz: es guapo, rico, es dueño de una exitosa firma de publicidad de Nueva York. Y, sin embargo, algo falta en su vida. Una noche conoce a la chica de sus sueños, Sofía Serrano (Penélope Cruz) y se enamora de ella instantáneamente. Pero David debe luchar contra el amor neurótico de su novia Julie (Cameron Díaz), quien, desquiciada, lanza su coche contra un barranco. Ella muere y David queda tan desfigurado que su cara resulta monstruosa. Pasan los meses y ningún cirujano ha conseguido restaurar el rostro de David, Sofía no quiere mirarle a la cara y en un momento de desesperación se emborracha, desplomándose en la acera. A partir de entonces todo parece haber cambiado. Sofía lo ama, los cirujanos le reconstruyen el rostro, pero algo extraño sucede. De repente Sofía desaparece y en su lugar se le muestra el rostro de Julie, quien afirma ser Sofía. Es entonces cuando David cae en el abismo de su peor pesadilla, no entiende nada de lo que está pasando y no sabe si ha perdido el juicio o si hay una trama para engañarlo. Lo que sucede es que David es puesto a dormir criogénicamente por una compañía que provee a sus usuarios de la inmortalidad, en donde ellos pueden permanecer dormidos soñando en un mundo programado para ser maravilloso, esto es lo que le ocurre a David cuando despierta en la acera, todo parece "arreglarse" y empieza a vivir una vida maravillosa. Sin embargo, durante su sueño comienza a tener pesadillas que se manifiestan en lo real de su sueño, lo que podemos llamar el retorno del trauma.

David nunca pudo trabajar su trauma de desfiguración, de la culpa de la muerte de su novia, de las decisiones que tomó, etc., desde lo simbólico. El sueño virtual que toma, es una respuesta imaginaria como mecanismo de defensa contra el trauma, pero toda defensa termina por sucumbir al trauma y aparece como síntoma en forma de alucinaciones, en donde su amada Sofía deviene en Julie, para recordarle a David de su culpa de su des-figura, de su castración en un mundo virtual que pretende suprimirla. David al asesinar en el sueño a Sofía a causa de la alucinación, irrumpe en acto el trauma.

El argumento de la trama nos muestra, la incapacidad de David por aceptar lo sucedido y su obsesión por Sofía es la demostración de un deseo de que "no hubiera ocurrido" el suceso traumático, por tal motivo David se obsesiona con Sofía, así puede demostrarse inconscientemente, que ella lo ama, entonces nada ha cambiado. Podemos comprender los sentimientos agresivos de David hacia Sofía, por no cumplir la fantasía de "no ha pasado nada", por no haberlo amado lo suficiente.

Lo que Sofía representa para David es la función de un significante amo que hace que él gire alrededor de ella, toda su existencia depende de Sofía, al asesinarla rompe la cadena significante y enloquece.

La película de ficción permite al protagonista reestructurarse y finalmente aceptar y "abrir los ojos" a lo real, entendiendo por fin que lo mágico de su experiencia, no viene del sueño sino del despertar a lo imposible.

El cine moderno está lleno de discursos sobre el sueño virtual y la transposición entre realidad y lo real, un ejemplo paradigmático es la trilogía de *Matrix* que nos recuerda que no podemos escapar a lo real, por más digitalizado que pueda estar nuestro mundo, lo real traumático, siempre logra colarse por los desfiladeros cibernéticos, como medio para recordarnos nuestra subjetividad.

A diferencia de la psicofarmacología, el psicoanálisis es una ciencia del despertar y para continuar con la analogía fílmica recordemos el discurso de Morfeo a Neo:

"Si tomas la pastilla azul fin de la historia. Despertarás en tu cama y creerás lo que quieras creer. Si tomas la roja, te quedas en el País de las Maravillas y yo te enseñaré que tan profundo es el agujero del conejo. Recuerda lo único que te ofrezco es la verdad. Nada más".

La píldora azul representa los dispositivos de adaptación y de normalización psicoeducativos que hacen permanecer al sujeto dormido. La píldora roja, es un pasaje a lo real, cuya promesa no es la felicidad, que es puramente ideológica, sino simplemente un despertar a la verdad.

¿Qué es entonces la verdad? Un efecto de discurso. Es ahí donde la frase de Lacan: "Yo la verdad hablo" cobra total significación e importancia, ya que no se trata de juzgar si el hombre dice la verdad en sus enunciados, sino en el develamiento de la verdad en su enunciación, es decir la verdad habla, en tanto que, como dice Baltasar Gracián, "la verdad es tan difícil decirla como ocultarla". Dicho que nos muestra que las palabras tienen otro sentido, uno verdadero que se manifiesta en lo que Freud denominó formaciones del inconsciente: los lapsus, el chiste, el sueño y el síntoma.

En este sentido, la realidad no está en lo representado sino en la representación. En el efecto de lo real sobre lo simbólico como imposible, por eso lo real queda representado por efecto de su realización en la realidad, es del orden de lo no realizado o lo que es igual, de lo no hecho realidad.

"El inconsciente es aquella parte del discurso concreto en cuanto transindividual que falta a la disposición del sujeto para restablecer la continuidad de su discurso consciente" (Lacan, *E*, 2001: 79).

Esto quiere decir, que la apuesta del psicoanálisis es restituir la continuidad del discurso a través del acto analítico, a manera de restitución simbólica de lo traumático real, en forma de una realización subjetiva, de reorganización del elemento imposible (traumático), transformándolo de un impasse a una nueva función simbólica, una realmente eficaz para la vida de un sujeto.

Lo real es la base material de la teoría psicoanalítica. Es lo que permite al psicoanálisis no caer en una forma de idealismo, sino por el contrario es lo que lo mantiene en el campo de la ciencia −es por tal un error epistemológico pretender que el psicoanálisis sea una hermenéutica− Se equivoca Mauricio Beuchot (2009, p. 14) cuando afirma, refiriéndose al psicoanálisis que: "No es, por eso, una ciencia natural, sino hermenéutica, centrada en la interpretación del deseo (libido) funda los demás conceptos del psicoanálisis como deducción trascendental. Y se realiza como discurso intersubjetivo". El psicoanálisis no es un discurso intersubjetivo sino transubjetivo, ya que el deseo es el deseo del Otro, es decir el sujeto de lo inconsciente es producto de la falta de significación sexual en el Otro, por esta razón el sujeto se siente perdido ante su existencia, dado que vida y muerte son dos de los elementos constitutivos del enigma sexual que no tienen sentido en sí mismos. Ya que el sentido es el propio sujeto, en cuanto ejerce su palabra, su acción performativa llena la falta del sentido del Otro, realizándose como "hablante-ser".

La hermenéutica por el contario busca el sentido fuera del sujeto, pretendiendo que el sentido está determinado socialmente sin considerar lo real, ya que el propio inconsciente es en sí mismo hermenéutico, es decir cuando un sujeto narra su sueño, esta narración es ya la interpretación del sueño, ya que el sueño es del orden de lo real, como imposible. Cualquier otra interpretación fuera del discurso sintáctico del soñante es una sobre interpretación del otro, ya que el verdadero descubrimiento del psicoanálisis es precisamente la distorsión simbólica que produce al sujeto de lo inconsciente. Por ello Freud (1994b: 18) nos advierte: "El psicoanálisis era sobre todo un arte de la interpretación. Pero así no se solucionaba la tarea terapéutica". La afirmación de Freud sobre la limitación de la interpretación y el devenir-consciente de lo inconsciente, nos señala que no es propiamente en el sentido, donde se desarrolla la cura y el método psicoanalítico, sino en el sinsentido del acto de repetición, en la pulsión de muerte. Freud agrega:

> *Por lo general, el médico no puede ahorrar al analizado esta fase de la cura; tiene que dejarle revivenciar cierto fragmento de su vida olvidada, cuidando que al par que lo hace conserve cierto grado de reflexión en virtud del cual esa realidad aparente pueda individualizarse cada vez como reflejo de un pasado olvidado. Con esto se habrá ganado el convencimiento del paciente y el éxito terapéutico que depende de aquél.*
> (Freud, 1994b:19)

Es en la neurosis de transferencia donde el paciente puede acceder a la cura. A través de la transferencia el paciente puede *revivenciar*, es decir, actuar —en su sentido dramático— el conflicto traumático como representación simbólica de lo que había sido censurado, negado, acallado por el sujeto.

Es por ello por lo que Lacan afirma: "El inconsciente de Freud es justamente la relación que hay entre un cuerpo que nos es ajeno y algo que forma círculo, hasta recta infinita, y que es el inconsciente, siendo estas dos cosas de todos modos equivalentes una a la otra" (Lacan, *S23*, 2006a: 147).

Es está recta infinita en donde se desenvuelve el acto analítico.

El psicoanálisis a diferencia de la hermenéutica se basa en la ruptura del sentido del discurso. No pretende la disciplina fundada por Freud descifrar el inconsciente creando una lectura cosmológica de él, sino mostrar el inconsciente en sus efectos, en su realidad, en el síntoma del sujeto, en su experiencia como ser que goza con el lenguaje.

La interpretación psicoanalítica no busca dar sentido al discurso del paciente, sino abrir la posibilidad del sin sentido en su discurso, es decir dar la oportunidad a que el inconsciente hable –de ahí el delirio como intento de cura- creando con ello un puente entre el sujeto y su palabra.

Si el inconsciente fuera un texto cuya interpretación fuera posible desde afuera, querría decir que hay un Otro del Otro. Es precisamente esto lo que niega el psicoanálisis, al mostrar que la verdad del Otro es lo real que existe y persiste en el discurso del sujeto. De esta manera no es la interpretación lo que fundamenta la clínica psicoanalítica, sino la experiencia del sujeto en su relación transferencial con el analista.

La interpretación en psicoanálisis no es analógica, sino abductiva: "Peirce habla a veces de la abducción como siendo esencialmente un cierto tipo de instinto de conjetura, mantiene explícitamente que, además de poder dar cuenta psicológicamente del descubrimiento hay definitivamente una lógica del descubrimiento, y ello, sobre todo, en virtud de una concepción normativa no descriptiva" (Ferrater, 2009: 14).

La cura se basa en la experiencia heurística del analizante. Así el analista opera en un no saber que le permite cuestionar a través de su función, la creencia del paciente en el sujeto supuesto saber.

> *El famoso no saber con el que nos toman a guasa sólo le llega al alma por el hecho de que, por su parte no sabe nada. Le repugna desenterrar una sombra en boga para fingir carroña, haciéndose cotizar como perro de caza. Su disciplina lo penetra por el hecho de que lo real no esté de entrada para ser sabido; es el único dique para contener al idealismo.* (Lacan, *S17*, 2006b: 201)

Si el psicoanálisis se ubicara en la hermenéutica sería simplemente un dispositivo pedagógico que busca enseñar lo que no comprende el sujeto, sería igual que cualquier práctica de sugestión que pretende acallar lo real. Por el contrario, el objetivo del psicoanálisis es perturbar la defensa del paciente para que acceda a lo real, es decir, a lo innombrable, al horror de encontrarse consigo mismo.

"El psicoanálisis es una excepción capaz de perturbar la defensa en contra de lo real. De hecho, ser analizante es aceptar recibir de un psicoanalista lo que perturba su defensa" (Miller, 2003: 34).

El psicoanálisis es la ciencia hipermágica cuyo objetivo es simbolizar lo que fue expulsado por lo simbólico en el momento de su instauración, el resto imposible, producto de la distorsión simbólica de donde emergerá el sujeto de lo inconsciente.

Lo real es el impasse de la formalización, que paradójicamente es la condición de posibilidad para cualquier formalización, si el psicoanálisis ha desmitificado la magia, fue precisamente para poder realizarla, a través de mostrar el sin sentido de los síntomas, por vía del desencantamiento de la transferencia; generando en el analizante, la realización de la intención verdadera de su síntoma, y es ahí donde se encontrará milagrosamente con la palabra del deseo que lo habita.

"Me siento inclinado a decir que la expresión lingüística correcta del milagro de la existencia del mundo –a pesar de no ser una proposición del lenguaje– es la existencia del lenguaje mismo" (Wittgenstein, 1997: 42).

LA RELIGIÓN DE LAS PSICOTERAPIAS

si deseo
algo de ti
serias tan solo
un ídolo
no jugaré a tales engaños

Angelus Silesius

La cura del alma tiene más de dos mil años de antigüedad: los griegos fueron como en todo, los pioneros en el campo de la salud mental, concepción profundamente arraigada a la filosofía y en el periodo helénico a las escuelas de sabiduría de la vida; los escépticos, epicúreos y los subversivos cínicos, compartían una filosofía ya no basada en una epistemología, sino en una ética que trascendió la búsqueda de conocimiento para alcanzar la sabiduría.

Fue Koyré quien afirmó que la modernidad nace con el cristianismo y también con éste, una nueva concepción sobre cómo vivir y sobre la salvación del espíritu, tanto en la tierra como en el cielo. Nuestras concepciones modernas sobre la psicoterapia siguen teniendo su sustento, cuando menos etimológicamente, en el alma. A finales del siglo XIX, Freud escribe: *Tratamiento psíquico, tratamiento del alma*, (*seele* en alemán) en lugar de utilizar el vocablo mental o cerebral. Si bien, Freud siempre idealizó la ciencia de la Naturaleza (*Naturwissenschaften*) y por tal motivo quería mantener al psicoanálisis en sus filas; su descubrimiento sobre el inconsciente y su método terapéutico se basan más bien en lo que Dilthey concibió como ciencias del espíritu (*Geisteswissenschaften*).

Freud inconscientemente —y por tal de una manera más verdadera e intuitiva— incorporó en su obra, la tradición de sabiduría hebraica y monoteísta para conceptualizar el inconsciente y su cura a través de la palabra (*talking cure*) como un ejercicio analítico que devela el ensalmo mosaico, revelando su determinación para con el sujeto desde una posición laica, es decir profundamente teológica.

Quizás el más receptivo de esta sabiduría inconsciente de la obra freudiana fue Carl Jung, quien no dudó en incorporar el inconsciente freudiano al estudio de las religiones, para construir la noción de un inconsciente colectivo y arquetípico.

Aun cuando, las aportaciones de Jung evidencian el núcleo religioso del inconsciente, traicionarán al freudismo al concebir la libido como una energía espiritual, del tipo *chi* o *ki* de la tradición oriental, o también pensada como "la Fuerza" en la saga de películas de *Star Wars*.

Para Freud, se trata más bien de una perturbación que de un equilibrio universal, un dislocamiento en la continuidad de éste, una pieza que no cuadra en el rompecabezas del sentido de uniformidad de la realidad.

El Dios freudiano, es *absconditus*, desprovisto de significación en sí mismo, un Dios al que se pretende llenar de sentido sexual, en términos religiosos, donde se intenta iluminar el enigma de la vida: reproducción y muerte, para no ver el verdadero sentido sexual freudiano, el de la "no relación sexual". De ésta se desprende el misterio de lo sexual, corresponde a lo real como imposible de discernimiento.

¿Es el freudismo por tal una teología negativa? Respondemos afirmativamente.

El *real* psicoanálisis a diferencia del *fake* psicoanálisis, no pretende explicar el misterio de lo sexual, sino por el contrario busca enfatizar la imposibilidad de su esclarecimiento por vía de lo simbólico. Solamente ante la experiencia de lo real, el sujeto puede alcanzar entendimiento de este misterio, a través de la desesperación.

Es por ello por lo que la locura, en especial la esquizofrenia –la cual no sería ejemplo de incapacidad de autoafirmación espiritual– sino por el contrario, sería el intento de alcanzar una mayor conciencia de sí, a través de una crisis existencial.

Los antropólogos equipararon esta crisis con las experiencias de muerte y resurrección espiritual de los chamanes, de un estado de conciencia a uno de sabiduría.

Freud y los pioneros del psicoanálisis trabajaron no para responder a los misterios de la sexualidad y la locura, sino para afinar las preguntas correctas que paradójicamente nos sirven de respuestas. Contrariamente a este gesto, los posfreudianos y las psicoterapias emergidas de aquellos, no siguieron el método freudiano, por el contrario, pervirtieron el camino del inconsciente, a través de querer explicar y dirigir, no la cura, sino al paciente, perdiendo la fe en el inconsciente como imposible.

El énfasis de toda psicoterapia es dar sentido a los síntomas de la enfermedad mental. Freud en su texto *Sobre psicoterapia*, ya había aclarado que las psicoterapias eran como la pintura, la cual busca poner "elementos" (sentidos) en el lienzo psíquico del paciente, mientras que el psicoanálisis se comporta más como la escultura, que busca quitar los elementos "sobrantes" que impiden ver la forma esencial de lo que el paciente es, como diría Angelus Silesius (LII30/2005: 100):

"Hombre, ¡sé esencial! para que cuando el mundo perezca y la causalidad desaparezca, permanezca la esencia".

Esta analogía es profundamente elocuente, el verdadero psicoanálisis no genera sentido en la locura, muy sutilmente lo va quitando. El psicoanálisis, a diferencia de las psicoterapias, nos enseña que el saber y la verdad no van de la mano. Las psicoterapias buscan en muchas ocasiones ahogar la verdad a través del saber; se sabe mucho, cada día se acumula el saber para obliterar la verdad. Esta verdad, no es en ninguna forma tranquilizadora, sino por el contrario angustiante, porque en ella se encuentra el deseo y éste genera ansiedad al ser develado, al ser desenmascarado.

Las tres grandes teorías clínicas de la cultura: la de Nietzsche, genealógica, la de Marx quien inventó el síntoma —según lo afirma Lacan— y la de Freud, cuya teorización nos ha mostrado la fisura estructural de la naturaleza humana- la pulsión de muerte-concepto nodal para poder pensar los avatares del precario equilibrio sociocultural producto de esta falla filogenética.

El verdadero psicoanálisis, el que posee espíritu debe ser capaz de ir más allá de las imposturas para mostrar la ficción de la verdad y la verdad de la ficción, atreviéndose a incursionar en lo que Descartes advertía no hacer: utilizar el método científico para la moral y la religión, las cuales debían ser según él dejadas a la tradición. Tres pensadores (Marx, Nietzsche y Freud) hicieron caso omiso de esta advertencia y trajeron consigo "la peste", utilizando la frase de Freud, es decir, trajeron la muerte de toda ilusión.

Judith Butler ha mencionado a partir de Nietzsche la emergencia del "Yo" en la transformación de la subjetividad humana: "El «Yo» sujeto emerge con la condición de negar su formación en la dependencia, lo que es condición de su propia posibilidad".

El reconocimiento esperado por el otro es la revelación de que mi existencia no me pertenece, que resulta por entero dependiente del conjunto de los poderes que caracterizan a una sociedad. "El Yo es a la vez efecto de esta dependencia y el encubrimiento de la misma, mediante una afirmación incondicionada de autonomía que es al mismo tiempo una denegación. No me pertenezco, pero me afianzo sobre esta no pertenencia para consolidar mi pertenencia" (Le Blanc, 2010: 20).

Podemos constatar estas tesis con el experimento psiquiátrico realizado en la unidad *Villa 21* (1962-1966), dirigido por el antipsiquiatra sartreano David Cooper, quien implementó un tratamiento de intervención socio-clínico, en donde se ponía en cuestionamiento los roles anquilosados y burocráticos de "enfermo" y "médico" de la institución psiquiátrica, que ejercen iatrogénicamente la invalidación del paciente ante su intento de autoafirmación, estigmatizándolo con el rótulo de esquizofrénico. Cooper modificó este término invalidante de designación del paciente por el término "visitante".

La tesis de Cooper plantea que la esquizofrenia –siguiendo en ello a Freud– es un intento de cura, de tal forma cura y lo-cura se encuentran entrelazados, mientras que ambos se oponen a la normalidad, la cual, en principio sería un obstáculo para alcanzar la salud. En este sentido la institución psiquiátrica tradicional funciona como un mecanismo que patologiza al sujeto interfiriendo negativamente en su capacidad de sanación, al imponerle explicaciones reduccionistas a su comportamiento disruptivo, instaurándole elementos ideológicos de un conocimiento pseudomédico, ya sea de tipo biológico o psicológico, fuera totalmente de la experiencia fenomenológica del sujeto.

Contrariamente David Cooper y su equipo en *Villa 21*, trabajó con la tesis de que la esquizofrenia no es una entidad nosológica real, sino algo que ocurre entre personas, un trastorno en la comunicación que se origina en las interacciones del "esquizofrénico" con sus padres, cuyas ansiedades y frustraciones fueron introyectadas como un mensaje ambivalente de doble vínculo (*doble bind*) que produjo una respuesta aparentemente paradójica en le experiencia comportamental del adolescente etiquetado como psicótico o esquizofrénico, ante la incapacidad de éste de responder autónomamente a las demandas parentales.

El hospital psiquiátrico según lo demostró Cooper vuelve a reproducir un ambiente familiar que mantiene la puerilidad del paciente y le impide cualquier acto de autonomía. Para coadyuvar a la sanación del visitante, Cooper trasformó totalmente los roles de dominación psiquiátrico, por un acompañamiento participativo, donde en vez de quitarle autonomía al paciente por estar loco, se le permitía decidir sobre sí mismo y sobre algunos aspectos de su medicalización, los visitantes participaban activamente en las decisiones del pabellón. Había total libertad con sólo la restricción de usar ropa y no masturbarse en los espacios comunes.

La terapia consistía en entrevistas con el paciente y sus padres y hermanos en donde se enfatizaba una comunicación auténtica fuera de autoengaños y de juegos estereotipados. A los participantes se les invitaba a dar cuenta de la verdadera intencionalidad de la comunicación y así se permitía liberar al paciente del discurso alienante parental y al mismo tiempo del institucional, en tanto, éste último funge como cómplice de la invalidación del legítimo acto de rebeldía, ante la demanda de aniquilación, de todo acto de pensar por sí mismo del paciente.

Durante 4 años que duró el experimento, más del 80% dio índices de mejoría, y sólo el 17% requirió reinternamiento al año del Alta del experimento.

Podemos utilizar a Lacan para dar cuenta de este efecto de cambio subjetivo en relación con la comunicación con el Otro con ayuda de sus conceptos de: *palabra plena* y *palabra vacía*, esta última, es en la que el sujeto se aliena a través de las demandas culturales de *religiosidad*, en donde el sujeto se identifica con los significantes amos parentales, donde el yo se vuelve inauténtico, una falsificación de sí mismo.

En cambio, en la *palabra plena*, el sujeto experimenta la *espiritualidad* como reconocimiento y reconciliación de su deseo, posibilitando con ello su ser autentico.

Tendremos mucho cuidado de nunca llegar a confundir esta *palabra plena* con la *escucha vacía*, la cual es la verdadera acción terapéutica, ésta es la de la docta ignorancia, la cual se sintetiza con la frase de Gabriel Marcel que cita Cooper (1985:13) en su Introducción de *Psiquiatría y antipsiquiatría*: "Siempre somos libres de no comprender nada".

EL ANTÍDOTO ZEN DE LACAN

feliz el que vive
como si no fuera
y nunca hubiera sido
¿me habré convertido en Dios?

Angelus Silesius

El maestro interrumpe el silencio con
cualquier cosa, un sarcasmo, una patada.
Así procede, en la técnica zen, el maestro
budista en la búsqueda del sentido. A los
alumnos les toca buscar la respuesta a sus
propias preguntas. El maestro no enseña ex
cathedra una ciencia ya constituida, da la
respuesta cuando los alumnos están a punto
de encontrarla. (Lacan, *S1*, 2004: 11)

Así es la apertura al seminario sobre técnica freudiana, en éste, Lacan ha vislumbrado la relación entre la práctica del zen con la experiencia psicoanalítica, constituida por tres momentos de contemplación (teoría): La de la mirada, la de comprender y la de concluir; las cuales se encuentran en estrecha relación con el *zazen*: dejarse escindir, abrirse a la apertura del conocimiento de sí, para alcanzar la subjetividad universal, desprenderse del yo falso, transformándose en un círculo que no tiene circunferencia, descentrado, un yo vacío.

Este vaciamiento le es caro al psicoanálisis lacaniano, debido a que lo que se pretende en su técnica es vaciar al sujeto de todas las identificaciones que lo alienan para alcanzar su ser, en términos del zen, sūnyatā.

Sabemos que el yo se crea a través de las identificaciones con el otro, y por la red significante en la cual el sujeto se conforma, es ahí donde el psicoanálisis converge con el camino del zen. Lo podemos constatar con la concepción zen del lenguaje que nos narra el filósofo japonés Shizuteru Ueda:

> *El mundo definido verbalmente es en*
> *realidad, primero y, sobre todo, una red*
> *y una jaula en la que nos encontramos*

capturados y prisioneros. A través del lenguaje se abre un mundo como horizonte de sentido, pero ese mundo está determinado y limitado por el lenguaje, con lo que ese carácter aperturista nos engaña acerca de esa limitación. (Ueda, 2005: 111-112)

No solamente habitamos el lenguaje, dirá Lacan completando a Ueda, sino somos habitados por él, es decir el sujeto es la morada del lenguaje, de eso da testimonio la experiencia psicoanalítica sobre el inconsciente, este posee al sujeto, el sujeto es la casa del inconsciente. En términos teológicos, el Otro se manifiesta en el sujeto para existir, de esta manera el sujeto se relaciona íntimamente con el lenguaje que lo habita. Si bien no puede haber sujeto sin el Otro, este último no puede existir sin el sujeto, a través de su enunciación como hablante-ser.

La alienación imaginaria radicícola al sujeto a través de la identificación con los objetos parentales, que produjeron una hipnosis en él. Esta situación hipnótica de fascinación con los objetos alienantes y constitutivos del sujeto fue escrita en el inconsciente a través de las tres pasiones que forman el ser: amor, odio e ignorancia. Estas pasiones descritas por el budismo constituyen el goce del sujeto.

La tarea del psicoanálisis es producir la ocasión para valerse de las pasiones del sujeto en su dialéctica y así transformarlas en voluntad propia.

Las pasiones alienan al sujeto y debido a esto, su ser se vuelve inauténtico manifestándose una serie de síntomas neuróticos que buscan en el desosiego la pregunta por su ser-ahí.

Para lograr el advenimiento del ser-ahí (*Dasein*), el analista no debe imponer una interpretación al sujeto de su propia existencia, ya que esta sería simplemente un psicologismo que buscaría fortalecer las pasiones familiares que la cultura impone para no pensar, en términos heideggerianos, en su *ser-para-la muerte*, alienando al sujeto y generando con ello una vida inauténtica de impotencia. Por ello Lacan optó por el uso técnico de la escansión, como un corte del espadachín a la estructura alienante de las identificaciones pasionales del sujeto en su estructura anquilosada, y así nos indica Lacan: "Y no somos los únicos que hemos observado que se identifica *(el psicoanálisis)* en última instancia con la técnica que suele designarse con el nombre de zen, y que se aplica como medio de revelación del sujeto en la ascesis tradicional de ciertas escuelas del lejano oriente" (Lacan, E, 2001: 303).

El uso de la técnica del zen es la más propicia para el psicoanálisis, mejor que cualquier técnica psicológica, y nos sugiere Lacan su aplicación:

> *Una aplicación discreta de su principio (del zen) en el análisis nos parece mucho más admisible que ciertas modas llamadas de análisis de las resistencias, en la medida en que no implica en sí misma ningún peligro de enajenación del sujeto. Pues no rompe el discurso sino para dar a luz a la palabra* (Lacan, *ibidem*: 304).

Para dar a luz a la palabra plena que libere al sujeto de su estado alienante de identificación, el psicoanálisis utiliza interpretaciones no basadas en un psicologismo que pretenda decir cuál es la realidad, la cual estaría ligada a las cosas, a los entes que no tienen una experiencia del ser, a una imposición para que el sujeto se adapte a la realidad de las cosas, fugándose ante la pregunta de su ser a partir de la interpelación del Otro.

La cuestión fundamental es el ser consciente de su lugar en el Otro. Al rehuir esta interpelación, se refuerza con ello nuevas identificaciones que enajenan al sujeto de su relación con su muerte, figura del Otro como el amo absoluto.

Por esta razón, el psicoanalista no debe explicar al paciente sus resistencias con contenidos psicologizados es decir ideológicos, de un otro con minúscula, sino el analista debe intervenir para que el Otro con mayúscula se manifieste y el sujeto puede advenir en su verdad vaciando su yo. Por esta razón, la intervención psicoanalítica deberá guardar semejanza con el *Koan* del zen.

> *Un kōan (公案; japonés: kōan, del chino: gōng'àn) kō significa literalmente público y an es un documento (…) El documento zen cada uno de nosotros lo trae a este mundo al nacer y trata de descifrar antes de morir. Según la leyenda de Mahayana, se dice que Buda hizo la siguiente declaración al salir del cuerpo de su madre: "El cielo arriba, la tierra abajo, yo solo soy el más honorable". Este fue el documento de Buda, que nos legó para que lo leyéramos y los que lo leen con exactitud son los seguidores del zen. El Koan está dentro de nosotros mismos y lo que el maestro zen hace no es más que señalarnos para que podamos verlo más claramente que antes. Cuando el Koan es sacado del campo del*

inconsciente al campo de la conciencia, se dice que lo hemos entendido. Para realizar este despertar, el koan asume algunas veces una forma dialéctica, pero con frecuencia asume, superficialmente cuando menos, una forma que carece en absoluto de sentido.
(D.T. Suzuki, 2017: 51-52)

Ya habíamos visto como el psicoanálisis no busca el sentido en los síntomas, sino por el contrario remueve el sentido de ellos. De la misma manera, que el koan en el zen busca trascender al ente de las cosas para acercarse al ser. D.T. Suzuki nos da los siguientes ejemplos:

Al preguntar un discípulo: ¿quién es el que está solo, sin un compañero entre las diez mil cosas? El maestro respondió: "Cuando te tragues de una sola vez el Río de Oeste te lo diré" (…) Fue el mismo maestro que pateó en el pecho a un monje cuyo delito fue preguntar: "¿Cuál es el sentido último del Dharma (la virtud)?" Cuando el monje se levantó y una vez recuperado, declaró audazmente, aunque riéndose de todo corazón: "Que extraño que toda forma posible de samadhi (unión divina) que existe en el mundo esté en la punta de un pelo y que yo haya dominado su significado secreto hasta su más profunda raíz". (D.T. Suzuki, ibidem: 52-53)

Esta reacción aparentemente absurda del maestro zen busca llevar al sujeto al plano de lo imposible. Al preguntarnos: ¿Cuál es el sentido de la vida? ¿Qué es el alma? ¿Qué es Dios? Toda interrogación hacia afuera debe ser vaciada hacia adentro, para así poder captar al ser que pregunta, de esta forma el sujeto mismo es la pregunta.

Para el zen y para Lacan, el objetivo es alcanzar el ser autentico, fuera de toda ilusión, de todo aprisionamiento imaginario, de toda inautenticidad.

El psicoanálisis lacaniano ha dicho que el fin de análisis demuestra la caída del sujeto supuesto saber, esto lo podemos constatar en una aseveración del maestro Linji citado por el filósofo Byung-Chul Han (2017: 20-21): "Si encontráis a Buda matad a Buda. (...) Entonces alcanzareis liberación por primera vez, entonces ya no estaréis encadenados por cosas y lo penetrareis todo libremente".

Esto es precisamente lo que propone Lacan con el dispositivo del "pase" de analizante a psicoanalista, la caída del sujeto supuesto saber, es decir, desplazar nuestra dependencia al saber de un otro para acceder a la verdad, la de nuestro desamparo como condición de nuestro ser-para-la muerte, para precisamente poder vivir en la libertad, ante nuestra propia responsabilidad de existir.

La intervención psicoanalítica produce una despersonalización del yo, para que los semblantes anquilosados de la historia del sujeto se disuelvan. Licuefacción que permite el devenir del hablante-ser, separando el saber de la verdad, encontrando con ello la verdad de su ser, fuera de la impostura del prejuicio del saber.

Es así que Lacan nos mostró, el desprendimiento que tuvo que realizar Freud con su propio ideal, el de la ciencia de la naturaleza para poder crear una disciplina innovadora, cuyo objeto de estudio fuera el desenmascaramiento como verdad del sujeto.

> *Si Freud las abandonó* (las fuerzas físicas) *fue por haber confiado en otras. Osó atribuir importancia a lo que le ocurría a él, a las antinomias de su infancia, a sus trastornos neuróticos, a sus sueños. Por ello, es Freud, para todos nosotros, un hombre situado como todos en medio de todas las contingencias: la muerte, la mujer, el padre.* (Lacan, *S1*, 2004: 12)

La experiencia psicoanalítica es el espacio occidental donde el sujeto accede a la interpelación del Otro para esclarecer el sentido de sus síntomas, encontrándose en su existencia como respuesta a su pregunta. De la misma manera, el maestro zen rechaza la demanda de respuesta del discípulo para que éste encuentre la respuesta ante el sin sentido de su pregunta, trascendiendo su inseguridad ontológica. Para ello, el maestro zen utiliza la negación para despejar los pensamientos que impiden la iluminación, su despertar a la verdad.

> *Joshu Jushin (778-897) uno de los grandes maestros de la Dinastía T'ang. Una vez le preguntó un monje: ¿Tiene un perro la naturaleza de Buda? Respondió el maestro "Mu" "Mu" (Wu) literalmente significa "no". Pero cuando se utiliza en el Koan el significado no importa, es simplemente "Mu" se pide al discípulo que se concentre en el sonido sin sentido "Mu". (D.T. Suzuki, ibidem: 54)*

Este Mu podemos entenderlo como un significante desprovisto de significación, cuya metonimia conduce al ser. Esta negación confirma la castración del sujeto, en tanto no posee el falo como imagen ilusoria de completitud.

"El empleo mismo de la negación, que es corriente en el zen, por ejemplo, y el recurso al signo Mu que aquí es el de la negación, no podría engañarlos, pues el signo Mu de que se trata es además una negación muy particular, un no tener (…)" (Lacan, *S10*, 2007b: 241). Este no tener es el significante fálico, la negación compromete a la imagen de restitución con el objeto perdido, negando con ello la castración simbólica. El no tener el falo, implica la liberación del sujeto a la identificación del deseo de la madre, a lo que la madre desea que sea el sujeto como su complemento imaginario.

> *Si hay objeto de tu deseo, no es otra cosa que tú mismo". (…) La experiencia búdica, (…) supone una referencia eminente, en nuestra relación con el objeto, a la función del espejo. En efecto, su metáfora es usual. Hace mucho tiempo hice alusión en uno de mis textos, en razón de lo que de esto podía ya conocer, a ese espejo sin superficie en el cual no se refleja nada. (Lacan, ídem)*

El analista se convierte en ese espejo que refleja la nada, precisamente para no reflejar ninguna imagen identificatoria. El analista se presta a fungir como objeto de causa del deseo, pero solamente con la finalidad de que este caiga como sostén imaginario del deseo del Otro, para que el analizante devenga en el reconocimiento de que él es su objeto causa del deseo del Otro, siendo con ello el deseo del deseo del Otro, encarnándose como el deseo en sí mismo.

El sujeto una vez reconociéndose en su deseo, él mismo devendrá su sostén, y como lúcidamente nuestro maestro Alfonso Herrera nos ha enseñado, el sujeto se termina "ahijándose" a sí mismo, y con ello se cumple la recomendación lacaniana para el fin del análisis, la de prescindir del Nombre del Padre –la demanda del Otro como sostén del deseo– a condición de servirse de él.

Esta máxima es la que ha preservado el deseo, durante siglos, en donde la mística, incluyendo al zen, han constituido la sabiduría del ahijarse, el del cuidado de sí, en la que Heidegger ubica la pertenencia de nuestra condición humana.

Una vez llegó Cura a un río y vio terrones de arcilla. Cavilando, cogió un trozo y empezó a modelarlo. Mientras piensa para sí qué había hecho, se acerca Júpiter. Cura le pide que infunda espíritu al modelado trozo de arcilla. Júpiter se lo concede con gusto. Pero al querer Cura poner su nombre a su obra, Júpiter se lo prohibió, diciendo que debía dársele el suyo. Mientras Cura y Júpiter litigaban sobre el nombre, se levantó la tierra (Tellus) y pidió que se le pusiera a la obra su nombre, puesto que ella era quien había dado para la misma un trozo de su cuerpo. Los litigantes escogieron por juez a Saturno. Y Saturno les dio la siguiente sentencia evidentemente justa: "Tú, Júpiter, por haber puesto el espíritu, lo recibirás a su muerte; tú, Tierra, por haber ofrecido el cuerpo, recibirás el cuerpo. Pero por haber sido Cura quien primero dio forma a ese ser, que mientras viva lo posea Cura. Y en cuanto al litigio sobre el nombre, que se llame "homo", puesto que está hecho de humus (tierra)". (Martin Heidegger citado por Byung-Chul Han, ibidem: 93-94)

Este cuidado de sí es el de la tradición de la sabiduría del arte de vivir, en donde el psicoanálisis, nos invita a hacernos cargo de nuestra condición de existir.

La religión como sistema ha tenido horror a lo contingente, a lo trágico de la existencia en tanto incompleta y sin un sentido final, ésta se ha mostrado fóbica a lo real ¿debido quizás a que lo real muestra que lo simbólico no es absoluto? ¿Pudiera ser que nuestra existencia humana sea trágica debido a que lo real limita toda posibilidad de completitud y providencia? Trágica quizás, pero no necesariamente infeliz, ya que lo que nos ha mostrado Nietzsche es que al develar lo trágico se nos muestra la condición de posibilidad para verdaderamente vivir, al hacernos cargo de nuestra existencia, en la libertad más plena, la de nuestro propio acontecer.

La mística mostró la falacia religiosa de la necesidad de la creencia en un Dios. "El místico es sensible a una luz interior que le exime de creer (…) al no reconocer ya ningún objeto, sería de alguna manera la intuición mística hipostasiada: lo que nos parece la forma más profunda del ateísmo" (Padre Lubac citado por André Comte-Sponville, 2013:195-196).

Esta separación del analista como semblante del objeto causa del deseo, es la caída de la transferencia y el fin del recorrido del análisis. Concluiríamos afirmando, a la manera de los místicos, que el sujeto del fin del análisis transcendería esta última identificación para dar cabida al ser como sostén de su deseo. Es por ello por lo que Lacan dirá sobre los místicos: "Son simplemente menos tontos que los filósofos" (Lacan, *La lógica del fantasma*, clase del 26 abril de 1967, inédito).

Lejos de lo que comúnmente se piensa, los místicos se han separado de la religión para manifestar un ateísmo que al igual que el zen, ya no importa la creencia en un Otro, dado que: "el místico se reconoce en un cierto tipo de experiencia, constituida por la evidencia, la plenitud, la simplicidad, la eternidad… Algo que apenas deja sitio a las creencias" (Comte-Sponville, *idem*).

Es así como, Nietzsche fue un místico porque no creía en nada. Nada que estuviera fuera de la experiencia del vivir, de mirar la nada con alegría desafiante del héroe trágico.

Esta nada es llenada de amor, esto demuestra la necesidad ontológica del amor, precisamente porque no hay relación sexual. No hay nada que de complementariedad y como el gran Neruda dijo. "Si nada nos puede salvar de la muerte, al menos que el amor nos salve de la vida".

Esta nada, es el núcleo donde se forma el puro amor, espacio enigmático de la experiencia mística, del goce del Otro, precisamente es amar la nada, como puro ejercicio de amar, en tanto reconocimiento del ser en el amor.

Creemos que eso fue precisamente el cristianismo primitivo, antes de su corrupción institucional, donde la divinidad de Cristo se manifiesta como amor al prójimo, no porque este prójimo sea digno de amor, sino porque ser cristiano es amar el encuentro con el otro que no me complementa, con su falta. Amarlo es entonces imposible, por eso se le eleva a la dignidad de La Cosa, como efecto de la sublimación sexual.

Esa "x" que nos remite a La Cosa primordial de amor, siempre perdida: indeterminada, inconmensurable, indecible, más allá de todas las representaciones significantes, cuya pérdida garantiza la *tragicidad* de la existencia, aunque sin ella no habría posibilidad de preservar la palabra, no habría metonimia del ser en el sujeto, como deseo de reconocimiento y finalmente como reconocimiento del deseo.

El psicoanálisis, tiene que vérsela en su práctica con los aspectos fenomenológicos de la experiencia religiosa, sin embargo, el psicoanálisis es el reverso de la religión, ya que su relación con el sentido del dolor del mundo, no se encuentra en la creencia imaginaria de completitud como forjadora de ilusiones, sino en lo real sexual que hace gozar al Otro, como posición ética ante el sentido trágico de la existencia.

El advenimiento del sujeto del inconsciente busca el enigma de su existencia ante la demanda del Otro, de la misma manera que Edipo ante el enigma que le plantea la esfinge sobre el Hombre, oculta a su ser mismo. Manifestación de aquello indecible que escapa a la representación, develándose como verdad del sujeto.

Esta verdad es la respuesta al enigma del Otro, de la que han dado prueba, a lo largo de la historia, tanto el budismo zen como la mística cristiana y que el genio de Lacan (OE, 2012: 509) colige para manifestar que: "La conquista del análisis es haberla convertido en *matema*, mientras que otrora la mística daba testimonio de su prueba haciendo de ella lo indecible".

BIBLIOGRAFÍA

Alburquerque, C., 2017. Lacan ◊ Nietzsche, Palibrio, EE. UU.

Andrew, E. y Peter Sedgwick., 2002, "*Cultural theory: the key thinkers*, Routledge, London.

Balmès, F., 2007, *Dios, el sexo y la verdad,* Editorial Nueva Visión, Buenos Aires.

----, 2002, *Lo que Lacan dice del ser*, Amorrortu editores, Buenos Aires.

Bataille, G., 1988, *Hegel, la mort et le sacrifice*, Gallimard, Paris, vol. XII, *Œuvres complètes*.

Bettelheim, B., 1983, *Freud y el alma humana*, Critica, Barcelona.

Beuchot, M., 2009, "Psicoanálisis e interpretación analógica" en R. Blanco Beledo (comp.) *Filosofía ¿y? psicoanálisis, Centro de Investigaciones Interdisciplinarias en Ciencias y Humanidades,* UNAM, México.

Blumenberg, H., 2003, *Trabajo sobre el mito*. Paidós, Barcelona.

Bubber, M., 2003, El *eclipse de Dios,* Ediciones Sígueme, Salamanca.

Cabrera, I., 1998, El *lado oscuro de Dios*, Paidós-UNAM, México.

Bunge, *M., 1969, La investigación científica,* Ariel, Barcelona.

Chemama R., y Bernard Vandermerch, 2004, *Diccionario del psicoanálisis*, Amorrortu editores, Buenos Aires.

Comte-Sponville, A., 2013, *El alma del ateísmo, introducción a una espiritualidad sin Dios*, Paidós, Barcelona.

Cooper, D., 1985, *Psiquiatría y Antipsiquiatría*, Paidós, Barcelona.

Darío, Á., 2013, *Inquietud de la huella. Las monedas místicas de Angelus Silesius*, Editorial Trotta, Madrid.

Derrida J., y Gianni Vattimo., 1997, *La religión*, Ediciones de la Flor S.R.L., Buenos Aires.

Descartes, R., 2009, *Meditaciones Metafísicas: acerca de la filosofía primera, en las cuales se demuestran la existencia de Dios y la distinción real del alma y el cuerpo del hombre*, traducción, introducción y notas de Pablo E. Pavesi, Prometeo Libros, Buenos Aires.

Echeverría, B., 2006, Vuelta *de siglo*, Era, México.

Ferrater, J., 2009 *Diccionario de filosofía*, Ariel, vol. I, II, III y IV, Barcelona.

Freud, S., 1994, "Esquema del psicoanálisis", Amorrortu editores, Buenos Aires, vol. XXIII, *Obras Completas.*

----, 1994a, "Pulsiones y destinos de pulsión", Amorrortu editores, Buenos Aires, vol. XIX, *Obras Completas.*

----, "Más allá del principio del placer", Amorrortu editores, Buenos Aires, vol. XVIII, *Obras Completas.* 1994b.

----, "El simbolismo del sueño", Amorrortu editores, Buenos Aires vol. XV, *Obras Completas.* 1994c.

----, "Formulaciones sobre los dos principios del acaecer psíquico", Amorrortu editores, Buenos Aires, vol. XII, *Obras Completas.* 1994d.

----, "Tótem y tabú". Algunas concordancias en la vida anímica de los salvajes y de los neuróticos", *Amorrortu editores, Buenos Aires, vol. XIII, Obras Completas.* 1994e.

----, "Sobre un caso de paranoia descrito autobiográficamente (caso Schreber)", Amorrortu editores, Buenos Aires, vol. XII, *Obras Completas.* 1994f.

----, "El porvenir de una ilusión", Amorrortu editores, Buenos Aires, vol. XXI, *Obras Completas.*1994g.

Frey, H., 2005, *Nietzsche, Eros y Occidente. La crítica nietzscheana a la tradición occidental*, Instituto de Investigaciones Sociales, UNAM, Miguel Ángel Porrúa, México.

Hadot, P., 2000, *¿Qué es la filosofía antigua?*, Fondo de Cultura Económica, México.

Han, Byung-Chul., 2017, *Filosofía del budismo zen*, Editorial Herder, Barcelona.

Hegel, W.G.F., 2000, *Fenomenología del espíritu*, Fondo de Cultura Económica, México.

Heidegger, M., 2013, *Seminarios de Zollikon*, traducción de Ángel Xolocotzi Yáñez, Herder editorial, México.

Herrera, A., 2019, *Silencio y psicoanálisis*, Palibrio, EE. UU.

Julien, P., 2018, *Psicoanálisis y religión*, Ediciones Sígueme, Salamanca.

Kant, I., 2004, *Sueños de un visionario aclarados por sueños de la metafísica*, traducción, prólogo y notas de Carlos Correas, Leviatán, Buenos Aires.

Lacan, J., 2012, *Otros escritos*, Paidós, Buenos Aires.

----, *2008a,* "La relación de objeto", Paidós, Buenos Aires, vol. IV, El *Seminario*.

----, "Aun", Paidós, Buenos Aires, vol. XX, *El Seminario*. 2008b.

----, 2007a, *Intervenciones y textos 2*, Manantial, Buenos Aires.

----, "La angustia", Paidós, Buenos Aires, vol. X, *El Seminario.* 2007b.

----, 2006a, "El sinthome", Paidós, Buenos Aires, vol. XXIII, El *Seminario.*

----, "El reverso del psicoanálisis", Paidós, Buenos Aires, vol. XI, *El Seminario.* 2006b

----, *"Las psicosis"*, Paidós, Buenos Aires, vol. III, El *Seminario.* 2006c.

----, 2004, *Los escritos técnicos de Freud"*, Paidós, Buenos Aires, vol. I, El *Seminario.*

----, 2001, *Escritos*, Siglo XXI editores, vol. 1 y 2, México.

Le Blanc, G., 2010, *Las enfermedades del hombre normal*, Nueva Visión, Buenos Aires.

Mannoni, M., 1987, *El niño su "enfermedad" y los otros*, Ediciones Nueva Visión, Buenos Aires.

Marx, K., 1980, *Contribución a la crítica de la economía política*, Siglo XXI.

Meyerson, E., 1933, *Réel et déterminisme dans la physique quantique*, Hermann & Cle, Éditeurs, Paris.

Miller, J-A., 2005, El *saber delirante*, Paidós, Buenos Aires.

----, 2003, *La experiencia de lo real en la cura psicoanalítica*, Paidós, Buenos Aires.

Nietzsche, F., 2011a, *Más allá del bien y del mal*, Alianza editorial, Madrid.

----, *Genealogía de la moral*, Alianza editorial, Madrid. 2011b.

Reinhard, K.,2010, "Hacía una teología política del prójimo", *El prójimo tres indagaciones en teología política*, Amorrortu, Madrid. pp.21-103.

Schatzman, M., 2003, *El asesinato del alma*, Siglo XXI editores, México.

Schreber, D.P., 2008, *Memorias de un enfermo de los nervios*, Sexto piso, Madrid.

Wittegenstein, L., 1997, *Conferencia sobre ética*, Ediciones Paidós Ibérica, Barcelona.

Roudinesco, É., y Michel Plon, 1994, *Diccionario de psicoanálisis*, Paidós, Buenos Aires.

Scheffler, J. (Angelus Silesius) 2005, *El peregrino querúbico*, Ediciones Siruela, Barcelona.

Suzuki, D.T., 2017, *Budismo zen y psicoanálisis*, Fondo de Cultura Económica, México.

Szasz, T., 2004, *El mito de la psicoterapia*, Ediciones Coyoacán, México.

----, 1994, *El mito de la enfermedad mental*, Amorrortu editores, Buenos Aires.

Zupančič, A., 2003, *The Shortest Shadow: Nietzsche's Philosophy of the Two*, MIT Press Ltd, EE. UU.